KB213536

청소년이 알아야 할
자동차 산업의 역사

세계를 달리는
대한민국 **자동차 이야기**

* 이 책은 산업통상자원부의 지원을 받아 한국산업기술진흥원이 기획 · 발간하였으며,
저작권은 한국산업기술진흥원이 소유하고 있습니다.

History of technology 시리즈 3
세계를 달리는 대한민국 **자동차 이야기**
청소년이 알아야 할 **자동차 산업의 역사**

초판 1쇄 인쇄 2013년 12월 20일
초판 1쇄 발행 2013년 12월 20일

기획 한국산업기술진흥원
원장 정재훈
총괄진행 기술문화팀 박정희, 백대우
자료조사 현대경제연구원 홍영식, 이선주
검토 강원대학교 강태원, 한국자동차공업협동조합 김산,
(주)융택 김주영, 자동차산업협회 김준규,
(주)에스엘인베스트먼트 안민주

지은이 임경단
그린이 오돌
감수 이충구, 조병옥

펴낸이 이미래
펴낸곳 (주)씨마스커뮤니케이션

출판등록 2007년 1월 11일 제301-2007-005호
주소 100-273 서울특별시 중구 서애로 23
전화 02-2269-8280 | **팩스** 02-2278-6702 | **이메일** cmass21@chol.com

ISBN 979-11-85351-02-5 44500
979-11-85351-01-8(세트)

값 11,000원

※ 이 도서의 **국립중앙도서관 출판시도서목록(CIP)**은 서지정보유통지원시스템 홈페이지(seoji.nl.go.kr)와
국가자료공동목록시스템(www.nl.go.kr/kolisnet)에서 이용하실 수 있습니다. **(CIP제어번호 : CIP2013024594)**

청소년이 알아야 할
자동차 산업의 역사

세계를 달리는 대한민국 자동차 이야기

글 임경단
그림 오돌
감수 이충구·조병옥

씨마스

펴내는 글

'한강의 기적'은 산업 기술 역사에서 시작됐습니다

1945년 일제강점기에서 해방되고 3년 뒤 우리나라에 정식으로 정부가 만들어졌지만, 1950년 또다시 한국전쟁으로 인해 그나마 초기의 산업 시설은 시작도 못한 채 거의 파괴되어 당시 세계에서 가장 가난한 나라에서 벗어나지 못하고 있었습니다.

하지만 그 이후 60년이라는 짧은 기간에 1인당 국민소득 2만 달러, 인구 5천만 명 이상이 되어 2012년에는 세계에서 일곱 번째로 '20-50클럽'에 들어갔습니다. 우리보다 먼저 이 클럽에 진입한 나라는 미국, 일본, 독일, 영국, 프랑스, 이탈리아 등 선진 여섯 개 나라에 불과합니다. 이미 한국은 세계에서 국내총생산(GDP) 15위, 수출 7위의 선진 산업 강국이 되었습니다.

1인당 국민소득이 우리나라보다 높은 나라는 더 있지만 홍콩과 싱가포르는 도시국가이기 때문에, 호주와 캐나다 등은 인구가 모자라서 20-50클럽에 들어갈 가능성이 없으며 중국, 러시아 및 인도 등은 1인당 국민소득이 한참 못 미치므로 당분간 새로운 20-50클럽 국가가 나타날 가능성은 없어 보입니다.

광복 이후 가장 가난한 나라였던 우리나라는 제2차 세계대전 이후 세계에서 가장 빠른 경제성장을 기록했고, 원조를 받던 나라에서 원조를 주는 유일한 나라가 되어 외국에서는 '한강의 기적'을 이룬 나라라고 합니다.

일반적으로 다른 선진 강국들은 산업화 과정이 200년씩이나 걸렸는데, 우리나라는 어떻게 해서 60년이라는 짧은 기간에 잘사는 나라가 되었을까요? 여러 가지 이유가 있지만, 한국인만이 갖고 있는 독특한 성취동기 그리고 위기에도 굴하지 않는 도전 정신 등이 남달랐기 때문이라고 합니다.

그동안 한국산업기술진흥원은 대한민국의 중요 산업 기술 발전 역사를 조사하고, 그 결과를 산업별 청소년용 교양 도서로 제작, 보급해왔습니다. 특히 'History of technology 시리즈'는 청소년들에게 대한민국의 산업 기술이 분야별로 어떻게 세계 1등으로 발전하게 되었는지 알려주기 위해 기획되었습니다. 먼저 '컴퓨터 · 통신 산업'과 '섬유 산업'을 출간했고, 이번에 '자동차 산업', '철강 산업', '화학 산업'을 추가로 출간해 대한민국 산업 기술 역사 시리즈 도서로서의 가치를 더욱 높이게 되었습니다.

이 시리즈는 산업 기술이 우리 실생활에 어떤 영향을 미쳐왔는지, 우리나라가 잘살게 되기까지 산업 기술이 어떤 역할을 해왔는지 알 수 있는 계기가 될 것입니다. 무엇보다 청소년들이 산업별 특성을 이해하고 이공계로 진로를 결정하는 데 지침서로 삼을 수 있을 것입니다. 이 책이 이공계에 대한 청소년들의 관심을 이끌어내고 그들이 꿈을 펼치는 데 작은 불씨가 되기를 기대합니다.

한국산업기술진흥원

CONTENTS

이 책을 읽기 전에

'History of technology 시리즈'는 우리나라를 이끌어온 산업 기술의 역사를 시기별 혹은 주제별로 나누고 대화체의 이야기로 재미있게 풀어냈습니다. 여기에 산업기술사와 관련된 배경 지식, 사진, 도표, 삽화 등을 곁들여 좀 더 쉽게, 폭넓은 각도로 내용을 이해할 수 있도록 구성했습니다.

책을 살펴보면

1 관심과 흥미를 불러일으키는 오프닝 스토리

각 장을 본격적으로 시작하기에 앞서 아빠와 아이의 일상적인 대화로 해당 주제를 가볍게 예고합니다.

2 알면 더 재미있고 유용한 보너스 상식

기본 주제 안에 다 담지 못한 산업 관련 상식이 각 장 끝에 보너스처럼 따라와 산업 기술에 대한 이해의 폭을 넓혀줍니다.

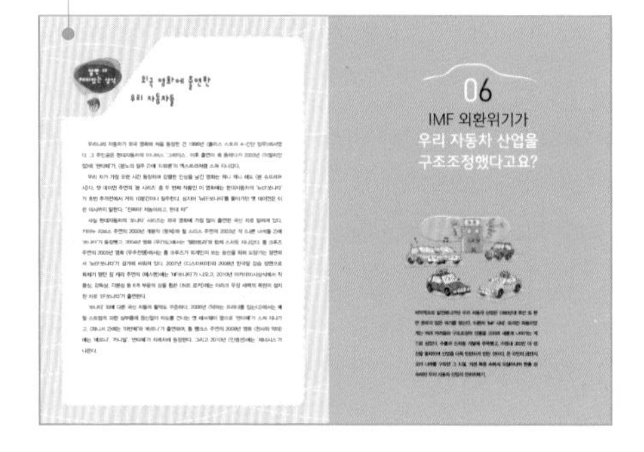

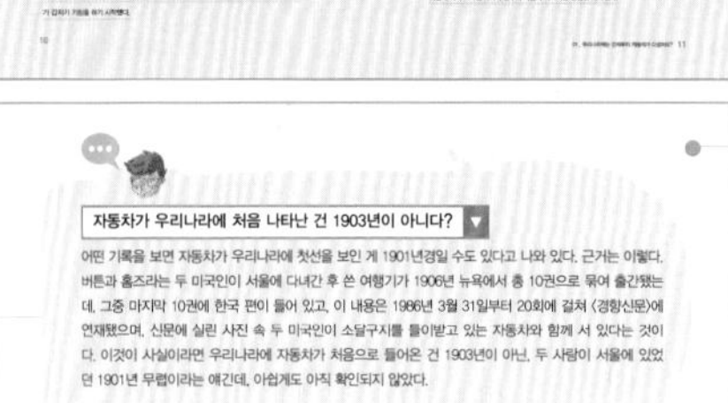
자동차가 우리나라에 처음 나타난 건 1903년이 아니다?

어떤 기록을 보면 자동차가 우리나라에 첫선을 보인 게 1901년경일 수도 있다고 나와 있다. 근거는 이렇다. 버튼과 홈즈라는 두 미국인이 서울에 다녀간 후 쓴 여행기가 1906년 뉴욕에서 총 10권으로 묶여 출간됐는데, 그중 마지막 10권에 한국 편이 들어 있고, 이 내용은 1986년 3월 31일부터 20회에 걸쳐 〈경향신문〉에 연재됐으며, 신문에 실린 사진 속 두 미국인이 소달구지를 들이받고 있는 자동차와 함께 서 있다는 것이다. 이것이 사실이라면 우리나라에 자동차가 처음으로 들어온 건 1903년이 아닌, 두 사람이 서울에 있었던 1901년 무렵이라는 얘긴데, 아쉽게도 아직 확인되지 않았다.

3 눈에 확 띄는 디자인으로 담은 산업기술사 관련 배경지식

산업 기술 관련 용어, 교과서에 나오지 않는 상식, 시대 상황 등 내용 이해를 돕는 각종 배경지식이 한눈에 들어옵니다.

등장인물

김선우(아들)

15세. 중학교 2학년. 공부에 대한 욕심도 많고 호기심도 많아 궁금한 것은 꼭 알아내야 직성이 풀린다. 특히 자동차 전문 기자인 아빠의 영향으로 자동차에 대한 관심이 타의 추종을 불허한다.

김재원(아빠)

40대 중반. 자동차 전문 기자. 아들 선우의 궁금증에 대해서는 밤새워 공부를 해서라도 알려주고 싶어 하는 열정적이고 자상한 아빠.

김지우(딸)

6세. 식구들의 사랑을 독차지하고 있는 천진난만하고 귀여운 늦둥이. 레고 블록 놀이를 좋아하고 아빠와 오빠가 나누는 이야기에 늘 관심이 많다.

정혜윤(엄마)

40대 초반. 자녀에 대한 교육열이 높아 가끔 무서운 잔소리쟁이가 되기도 하지만, 기본적으로는 엄마로서의 따뜻함과 넉넉함을 가졌다.

01

우리나라에는 언제부터 자동차가 다녔어요?

자동차가 없는 세상. 지금은 상상할 수 없지만 110년 전 사람들도 귀하디귀한 자동차를 이렇게 쉽게 탈 수 있을 거라고 생각하지 못했다. 자동차가 없을 땐 어떻게 다녔을까? 우리나라에는 언제부터 자동차가 다녔을까? 자동차를 처음 본 사람들은 기분이 어땠을까? 궁금한 게 정말 많다. 그 시절 이야기를 시작해본다.

자동차 없이는 단 하루도 못 살 거예요!

밤이라 그런지 도로는 한적했다. 앞을 가로막는 차는 한 대도 없었다. 사실 오늘 선우는 성적표를 보고 화가 난 엄마에게 실컷 야단을 맞고는 잔뜩 풀이 죽어 있었다. 그런 선우를 늦은 시간 슬쩍 데리고 나온 건 아빠였다.

선우는 차창을 열었다. 시원한 밤바람이 얼굴을 스치는 느낌이 좋았다. 눈을 감고 숨을 크게 들이마셨다. 머리가 맑아졌다. 가슴속 답답함까지 다 날아가는 듯했다. 선우의 입가에 어느새 미소가 번졌다. 그 모습을 옆에서 슬쩍 본 아빠의 얼굴에도 미소가 일었다. 그런데 바로 그때, 선우가 갑자기 기침을 하기 시작했다.

“콜록콜록. 아빠 이거 무슨 냄새예요? 어? 차에서 연기 나요!”

“어어, 그래, 그래. 그러게 말이다. 일단 갓길로 대야겠다.”

잠시 후 견인차가 도착했다. 아빠는 앞바퀴를 든 채 견인차에 매달려 있는 차의 운전석 문을 열고 선우에게 말했다.

“자, 우리도 타자.”

선우가 어리둥절한 얼굴로 멀뚱히 서 있자 아빠는 눈을 찡긋해 보이며 다시 말했다.

“재미있는 경험하게 해줄게.”

이렇게 해서 선우는 흔치 않은 경험을 난생처음 하게 됐다.

“우와! 진짜 재밌어요, 아빠! 꼭 놀이공원에 온 것 같아요.”

“거 봐, 아빠가 재밌는 거라고 했잖아. 이제 이거 타고 편안하게 집까지 가면 되는 거야. 차는 집 근처 정비소 앞에 세워두면 되고. 어때, 이것도 나름 드라이브지?”

“그럼요! 더 좋은데요?!”

“네가 좋다니 아빠도 좋다! 그런데 선우야, 만약 견인차가 없었다면 우리는 어떻게 됐을까?”

“생각만 해도 끔찍해요! 차도 끊겼고, 택시도 잘 안 오는 곳인데 집까지 어떻게 걸어가요?!”

“그러게. 그래서 아빠는 오늘따라 차가 참 소중하게 느껴지는구나. 넌 어떠니?”

“차 없이는 단 하루도 못 살 거예요!”

“하하하. 그렇겠지? 아빠도 그렇게 생각해. 하지만 우리가 이렇게 편하게 자동차를 타게 된 건 불과 60년도 채 되지 않아. 아빠가 태어났을 때만 해도 차는 많지 않았고, 부자들만 탈 수 있었지.”

“정말요? 그럼 그 전에는 차 없이 어떻게 살았어요?”

조수석에 앉은 선우는 자세까지 고쳐 앉으며 아빠에게 호기심 어린 눈빛을 보냈다.

“차가 없는 시절, 사람들이 어떻게 다녔느냐면 말이야…….”

이렇게 해서 시작된 아빠와 선우의 자동차 이야기는 한동안 계속됐다.

자동차가 없던 시절, 사람들은 어떻게 다녔어요?

• 1905년경의 인력거

너도 본 적 있을 거야. 사극 드라마나 영화에서 사람들이 말을 타고 가마를 타는 모습. 그게 없는 사람은 모두 걸어 다녔지. 지금은 서울에서 부산까지 기차를 타면 세 시간 만에 갈 수 있지만, 그때는 걸어서 며칠씩 갔어.

그러다 개화기*를 맞아 '인력거'라는 게 우리나라에 들어왔어. 고종 임금이 나라를 다스리던 1894년, 하나야마라는 일본 사람이 서울에 10대를 가져왔지. 인력거가 뭔지 알아? 2개의 커다란 바퀴 위에 앉는 자리를 만들고 포장을 씌운 건데, 그걸 손수레처럼 사람이 직접 끄는 거야. 너 어릴 때 시골 할머니 댁에 가면 늘 '리어카' 타고 신나게 달리며 놀았잖아. 바로 그런 식인 거지. 그러니 어떻겠어? 자동차가 들어갈 수 없는 좁은 골목이나 언덕도 쉽게 다닐 수 있었겠지? 인력거꾼은 요즘으로 치면 택시운전사였어. 오직 두 다리로 구석구석 뛰어다니니 모르는 길이 없었지. 그래서 당시 인력거는 관리들과 중산층, 노약자는 물론 초행자들에게 아주 유용한 교통수단이었어.

인력거가 한창 거리를 누비고 있을 때, 그러니까 1899년에는 우리나라 최초의 근대적 대중교통 수단인 전차가 등장했어. 말 그대로 전기에 의해 움직이는 차였어. 지금의 지하철 한 칸 정도가 자동차처럼 땅 위를 달렸다고 보면 돼. 총 8대가 우리나라에 처음 들어왔는데, 미국에서 분리해 보낸 몸체와 하체를 인천항을 거쳐 한강으로 운반한 다음, 소달구지에 실어 전기회사로 옮기고 미국 사람들이 조립했지.

전차 개통식이 있던 1899년 5월 4일, 종로에는 소

* 개화기 1876년 군사력을 동원한 일본의 강압에 의해 맺어진 불평등 조약인 강화도조약 이후, 우리나라가 서양 문물의 영향을 받아 종래의 봉건적 사회 질서를 타파하고 근대적 사회로 개혁되어 가던 시기.

문을 듣고 나온 사람들로 북적였어. 첫 탑승자는 당시 임금인 고종이었지. 그런데 전차를 처음 본 사람들은 좋아하거나 신기해하기는커녕 충격과 공포에 휩싸였어. 이전까지 사람이 직접 달려 운행하던 인력거만 보다가 공중에 있는 전깃줄에 매달린 채 불꽃을 튀기며 철로 위를 달리는 집채만 한 '괴물'을 봤으니 그럴만도 했지. 사람들은 그걸 '쇠당나귀'라 부르며 경계했어. 바로 그 전차가 우리나라 교통 혁명의 출발점이었는데 말이야.

전차가 일반인들에게 정식으로 공개된 건 개통식 후 2주 정도가 지난 5월 20일이었어. 그동안 각종 시험과 점검을 하는 시간이 필요했거든. 당시 전차는 오전 여덟 시부터 오후 여섯 시까지 동대문과 홍화문 사이를 운행했는데, 지금처럼 정거장이 없어서 손을 흔들면 누구나 탈 수 있었어.

하지만 전차가 처음 등장했을 때 전차에 대한 사람들의 반감은 컸어. 생김새부터 괴상한 데다 도로 한복판을 가로질러 달리니 위험하잖아. '땅속에 묻힌 철로와 공중에 매달린 전깃줄이 번갯불을 튀기는 바람에 땅과 하늘의 물 기운이 몽땅 빨려 가뭄이 계속되고 있다'는 소문도 돌았고, 전차를 처음 들여온 미국인에 대한 불만도 있었어. 사람들은 '가뜩이나 가난한 나라에서 돈을 긁어모아 전차를 세우더니, 결국 수익금은 모조리 미국 회사로 들어간다'고 생각했지. 운임

우리나라 최초의 교통법규를 탄생시킨 인력거꾼들 

인력거가 갑자기 등장하자 서민들은 보행에 큰 방해를 받았다. 게다가 초기 승객들이 대부분 일본인이나 기생이었기 때문에 그들을 등에 업은 인력거꾼들의 횡포까지 견뎌야 했다. 이에 경무청(고종 31년인 1894년 이후 경찰 업무와 감옥의 일을 맡아보던 관청)은 1908년 '인력거 영업 단속 규칙'을 공표했고, 이것이 바로 우리나라 최초의 교통법규다. 규칙이 무려 열네 가지나 있었는데, '주차장 이외에서 손님을 기다리지 말 것', '길에서 이유 없이 방황하지 말 것', '행인에게 승차를 강요하지 말 것', '행인에게 거만한 말과 행동을 하지 말 것', '밤에는 불을 켜고 다닐 것', '승객이나 경찰관이 요구할 때 허가증과 요금표를 보여줄 것', '충돌 방지를 위해 우회전 시에는 작게, 좌회전 시에는 크게 돌 것' 등이 그것이다.

역시 너무 비쌌어. 당시 짜장면 한 그릇이 엽전 3전, 쌀 1kg이 4~5전이었는데, 전차 요금은 구간당 5전이나 했거든. '전차 타기를 즐기다가 가산을 탕진한다'는 말이 있을 정도였어. 서양인과 돈 많은 세도가들만 탈 수 있었지.

그러던 중 전차 운행 6일 만에 끔찍한 사건이 하나 발생했어. 다섯 살짜리 꼬마가 전차에 치여 즉사한 거야. 그동안 참고 지켜보던 사람들이 아이의 아버지와 함께 성난 불길처럼 들고 일어났어. 길 위의 전차 2대를 넘어뜨린 후 불을 질러버렸지. 그래도 화가 안 풀리자 사람들은 전차회사로 달려갔고, "사람 죽인 일본 놈, 쇠당나귀 운전사를 당장 데려오라!"며 회사 주변을 둘러싸고 거칠게 항의했어. 미국인 사장은 일본 군대를 동원해 총을 쏘아대며 사람들을 쫓아냈지만, 결국 어린아이를 죽게 한 그 일본인 운전사는 사람들에게 몰매를 맞아 죽었다고 해. 이 일이 있은 후 관련 관리들은 사임되거나 문책을 당했고, 전차는 5개월간 운행이 정지됐지. 전차 운전사도 일본인에서 서양인으로 바뀌었어. 일본인 운전사들이 생명의 위협을 느껴 더 이상 아무도 나서지 않았거든.

전차가 다시 운행되고 얼마 지나지 않아 사람들은 곧 익숙해졌어. 선로 부설 공사가 함께 진행돼 운행 구간이 늘어났고, 요금도 차츰 싸졌거든. 전차가 당시 편리한 대중교통 수단으로서의 역할을 톡톡히 한 셈이지. 새로운 일자리까지 생겨나자 사람들은 전차를 더욱 환영했어. 부설 공사를 하려면 인부가 많이 필요했으니까 말이야.

• 1900년 전차 타는 사람들

1905년 무렵부터는 전차의 인기가 하늘을 찔렀어. 정원이 80명이었는데, 200명까지 타고 다녔대. 하지만 아무리 요금이 싸졌다 해도 서민들에게 전차 타는 일은 여전히 부담이었어. 전차 한번 타보는 게 소원이자 호사였지. 오죽하면 자식들이 삼삼오오 '효도 전차계'를 만들어 연로한 부모님께 전차를 태워드리려 했겠니.

어때, 선우야? 사람이 발로 직접 뛰어 이동하던 인력거 시절을 지나 전기를 이용해 길 위를 달리는 전차 시절까지, 당시 모습과 사람들의 반응이 상상이 되니? 그러니 생각해봐. 우리가 지금처럼 편리하게 자동차를 타고 다닐 수 있다는 게 얼마나 감사한 일인지.

그럼 자동차는 **우리나라에 언제 처음** 등장했어요?

자동차가 공식적으로 우리나라에 처음 들어온 건 1903년이야. 당시 주한 미국 공사였던 호러스 알렌(우리나라 최초의 서양식 국립병원인 '광혜원'을 세운 사람이야)이 탁지부 대신이었던 이용익의 부탁을 받고 샌프란시스코에 있는 자동차 판매상에게 자동차 1대를 보내달라며 전보를 보냈거든. 원래는 1902년 12월 고종의 재위 40주년 칭경 예식에 맞춰 도착하기로 했는데, 심한 한파와 흉년 때문에 이듬해 봄으로 밀린 칭경 예식이 끝나고도 4개월이 더 지나서야 도착했지.

비행기가 없던 시절, 미국에서 우리나라까지 그 먼 거리를 운반해야 했으니 그럴 만도 했겠지?

그런데 그 자동차를 들여오기로 결정하기까지는 고종과 대신들 사이에 약간의 밀고 당김이 있었어. 대신들은 역대 조선 임금 중 가장 오랫동안 굳건히 왕좌를 지켜온 고종을 위해 특별한 기념 예식을 준비했는데, 그중 하나가 바로 서양에서나 타고 다닌다는 자동차, 당시 '자동거'라 불린 그것을 고종 앞에 대령해 백성들이 보는 가운데 타게 하는 거였어. 처음 이 제안을 들었을 때 고종은 난색을 표했지. 일제 침략으로 나라가 편치 않은 데다 나라 살림마저 빈약해 백성들을 볼 낯이 서지 않는다는 게 이유였어. 하지만 대신들은 쉽게 뜻을 굽히지 않았어. 오히려 고종을 설득해 결국 승낙을 얻어냈지. 고종이 우리나라 최초의 자동차 탑승자가 된다는 건 조정 대신들에겐 크나큰 의미가 있는 일이었거든.

사실 고종은 재위 기간 중 그 어떤 임금보다 국내외적으로 풍파를 많이 겪었어. 1876년 강화도조약 체결 이후 외세가 물밀 듯 밀려오면서 감당하기 어려운 사건들이 줄지어 일어났으니까. 우리나라가 일본의 도발로 일어난 청일전쟁의 싸움터가 되었고, 일본 낭인들과 친일파에 의해 명성황후가 시해당했는가 하면, 친일파와 친러파 사이의 알력 때문에 고종은 백성들을 뒤로한 채 러시아 공사관

자동차가 우리나라에 처음 나타난 건 1903년이 아니다? 

어떤 기록을 보면 자동차가 우리나라에 첫선을 보인 게 1901년경일 수도 있다고 나와 있다. 근거는 이렇다. 버튼과 홈즈라는 두 미국인이 서울에 다녀간 후 쓴 여행기가 1906년 뉴욕에서 총 10권으로 묶여 출간됐는데, 그중 마지막 10권에 한국 편이 들어 있고, 이 내용은 1986년 3월 31일부터 20회에 걸쳐 〈경향신문〉에 연재됐으며, 신문에 실린 사진 속 두 미국인이 소달구지를 들이받고 있는 자동차와 함께 서 있다는 것이다. 이것이 사실이라면 우리나라에 자동차가 처음으로 들어온 건 1903년이 아닌, 두 사람이 서울에 있었던 1901년 무렵이라는 얘긴데, 아쉽게도 아직 확인되지 않았다.

으로 피신해야 했어. 대신들은 바로 이런 고초를 겪으면서도 40년이나 자리를 지켜온 고종에 대한 충심을 '자동차'라는 신문물을 통해 표현하고, 백성들에게도 임금이 몸소 개화 문명을 받아들이는 모습을 보여주고자 했던 거야.

하지만 정작 백성들은 이렇게 깊은 의미를 담고 우리나라에 들어온 이 첫 번째 자동차를 보지도 못했어. 장엄해야 할 임금의 행차에 시끄럽고 경망스러운 데다 말 4마리가 이끄는 서양 마차보다 작은 자동차에 임금을 태워 백성들 앞에 나선다는 건 말도 안 되는 일이라며 수구파 대신들이 거세게 반대했거든. 할 수 없이 그 자동차는 궁궐 안에서 왕자들만 가끔 태우고 돌아다니는 신세가 됐지. 얼마 지나지 않아서는 그마저도 못 해서 궁궐 한쪽 구석에 방치됐고 말이야. 자동차와 함께 온 미국인 운전사가 운전을 가르칠 조선 사람이 없을뿐더러 휘발유와 부속품을 구하기가 어렵다며 자기 나라로 돌아가버려서 그랬대. 그 바람에 서울 장안에는 이상한 소문이 퍼졌어. '궁궐 안에 귀신 소리를 내며 돌아다니는 쇠망아지가 있다'는 거였지. 지금으로선 이해가 안 되고 그저 재밌기만 한 이야기지?

이보다 더 안타까운 사실은, 이 역사적인 자동차가 1904년 러일전쟁을 겪으면

• 1903년 국내에 처음 들어온 고종의 어차. '포드' 자동차로 알려졌다.

서 감쪽같이 사라져버렸다는 거야. 수개월간 바다를 건너온 그 자동차가, 어쩌면 지금쯤 박물관에 있어야 할 임금의 첫 자동차가 사람들의 시선을 한 몸에 받으며 도로 위를 신나게 달려보지도 못한 채 고물 혹은 괴물 취급만 받다가 흔적도 없이 사라져버렸다니, 아쉽지 않니?

자동차가 괴물 취급을 받았다고요?

처음 보는 기괴한 물체였으니까. 전차가 처음 등장했을 때 사람들의 반응 기억하지? 그것과 비슷해. 인력거랑 비슷하게 생겼는데 바퀴는 4개나 달리고, 말이나 당나귀도 없이, 마부도 없이 굴렁쇠 같은 걸 이리저리 돌리니까 시끄러운 소리를 내면서 저절로 막 움직이니 사람들이 얼마나 놀랐겠어. 경적이라도 한번 울리면 그 커다란 나팔 소리에 사람들이 기겁을 하고 달아났대.

고종의 자동차 이후 사람들이 자동차를 실제로 처음 본 건 1908년이었어. 프랑스 공사가 빨간색 자동차를 타고 서울 거리에 등장했거든. 말로만 듣고 소문만 무성하던 바로 그 '쇠괴물', 아니 '자동거'가 나타난 거야. 거대한 쇠뭉치가 두꺼비 울음소리 같기도 하고, 귀신 울음소리 같기도 한 괴상한 소리를 내면서 슬금슬금 다가오고, 파란 눈을 가진 노랑머리 코쟁이 신사가 그 안에서 굴렁쇠 같은 걸 이리저리 돌리면서 사람들로 북적이는 거리를 요리조리 헤집고 다니는데, 뒤쪽에서는 허연 연기가 퐁퐁! 이 광경을 본 사람들은 그야말로 기절초풍, 혼비백산했어. 당시 현장에는 〈대한매일신보〉의 사진기자였던 영국인 앨프리드 만함이 있었거든. 그는 그 모습을 사진으로 찍었고, 이듬해 찰스 크롬비라는 사람이 앨프리드 만함의 사진을 그림으로 그려 영국의 화보지 〈더그래픽(The Graphic)〉(1909년 2월 20일 자)에 실었어. 그리고 이런 설명을 덧붙였지.

'대로변을 지나다가 자동차를 처음 본 조선인들은 혼비백산하여 사방으로 흩어졌으며, 들고 가던 짐도 팽개친 채 숨기에 바빴다. 이 쇠괴물로부터 자신을 보호해달라고 간절히 기도하는 이도 있었다. 짐을 싣고 가던 소와 말도 놀라서 길가 상점이나 가정집으로 뛰어들었다.'

〈더그래픽〉에 실렸다는 그림만 봐도 당시 상황이 어땠을지 머릿속에 그려지지 않니? 그 옛날 사람들은 후손들이 지금 우리처럼 자동차 없는 생활을 상상할 수 없을 정도로 거기에 익숙해지고, 자동차의 편리함을 한껏 누리며 살게 될 거라는 걸 아마 상상도 못 했을 거야. 하지만 모든 '처음'은 익숙해지기 전까지 대개 두려움과 혼란을 동반하게 마련이잖니. 중요한 건 그 다음이야. 두렵고 어색하지만 그것이 필요한 거라 생각되면 빨리 익숙해져서 내 것으로 만들어야지. 그래야 발전도 있는 거고. 그날 이후 우리나라에 자동차 시대가 열리고, 자동차 산업이 오늘날 이만큼 발전해온 것처럼 말이야.

아무튼 사람들을 온통 충격의 도가니로 빠뜨렸던 그 빨간 자동차 얘기를 좀 더 해볼까. 프랑스제 '르노' 승용차였고, 프랑스 공사가 일본에서 경성으로 전근 올 때 가지고 온 거였어. 그런데 한일합방 이듬해인 1911년, 일본이 우리나라에 있던 모든 외국 사절을 본국으로 강제 추방하는 바람에 그 프랑스 공사 역시 자기 나라로 돌아가야 했지. 문제는 차였어. 가져가자니 운송 수단이 신통찮았고, 어찌어찌 가져간다 해도 이미 너무 낡아 처치 곤란이 될 게 뻔했거든. 프랑스 공사는 그 차를 처분하고 떠나기로 마음

'고요한 아침의 나라에 등장한 자동차'라는 제목과 함께 〈더그래픽〉에 실린 삽화

먹었어. 하지만 쉽지는 않았어. 그도 그럴 것이 '무서운 기계'라는 소문이 파다한 데다 연료는 물론 당장 운전할 사람부터 구하기가 어려웠거든. 선뜻 나서는 사람이 없었어.

결국 그 빨간 르노 승용차는 대한제국 황실이 샀어. 처음에는 고종의 뒤를 이어 즉위한 순종이 타다가 이후 의친왕 이강이 자주 이용했다고 해. 특파대사로 유럽 여러 나라를 다녀오고, 미국 유학을 통해 황족 중 가장 먼저 신문학을 배운 당대 지식인 이강은 자동차를 타기 전에는 자전거광으로 유명했대. 당시 이강의 차는 윤권이라는 사람이 운전했는데, 그가 바로 우리나라 최초의 운전사로 알려져 있어. 그런데 1년쯤 지나자 차에 고장이 잦아진 거야. 그때부터는 황실 고급 관리들이 종종 타고 다녔지만, 부품이 귀하고 고칠 사람도 없어서 끝내 궁궐 한 구석에 방치되는 두 번째 자동차가 되고 말았지.

그렇다고 해서 그때 이후로 자동차를 아예 타지 않은 건 아니야. 황실이 프랑스 공사의 빨간 자동차를 들인 해인 1911년에 2대를 정식으로 수입했거든. 하나는 고종이 탈 영국제 빨간 리무진 '다이믈러', 다른 하나는 일본 초대 총독인 데라우치가 탈 영국제 검정 '위슬리'였어. 우리나라 자동차 시대의 개막을 알린 최

• 대한제국 황실에서 구입한 2대의 자동차

초의 자동차들이라 할 수 있지. 그로부터 2년 후에는 미국에서 1대 더 들여왔는데, 바로 순종이 탈 '캐딜락'이었어. 이로써 1913년까지 우리나라에는 총 4대의 자동차가 있게 됐지. 아! 말이 나온 김에 조만간 아빠랑 국립고궁박물관에 한번 가보자. 거기에 순종 임금이 타시던 어차가 전시돼 있거든.

일반인들이 자동차를 **처음** 탄 건 언제였어요?

일반인 중 가장 먼저 자가용을 소유한 사람은 제3대 천도교 교주이자 항일 독립운동가인 의암 손병희야. 1897년 동학혁명 실패 후 일본으로 망명했다가 거기서 1905년부터 자가용을 탔다고 해. 당시는 일본에도 자동차가 겨우 10여 대밖에 없었는데 말이야. 그리고 그는 1915년경 도쿄에서 열린 국제산업박람회에서 본 캐딜락을 구입해 서울에서 탔는데, 얼마 지나지 않아 자신의 차가 순종의 차보다 좋다는 걸 알고 임금보다 좋은 차를 탈 수 없다며 순종과 차를 바꿨대.

일반 서민들이 자동차를 직접 운전하게 되기까지는 시간이 꽤 걸렸어. 운전을 못하기도 했지만 차가 너무 비쌌거든. 황실 측근들과 대신들이 초기에 탔던 자동차는 대부분 미국의 '포드'였는데 가격이 4천 원이었어. 당시 자동차들 중에는 제일 쌌지. 하지만 그건 쌀 450~500가마와 맞먹는 금액이었어. 그때 쌀 한 가마가 8~9원이었고 일반 서민들이 포드 자동차 1대를 사려면 그만큼의 쌀을 포기해야 했는데, 어떻게 탈 수 있었겠어?

대신 자동차가 보편화되기 전, 대절 택시와 승합차 영업이 성행했어. 이것 역시 돈 많은 한량들이나 탈 수 있었지만 말이야. 그들은 대절 택시를 타고 술집을 돌거나 서울 시내 드라이브를 즐겼어. 일본에 나라를 빼앗기고 죽 한 그릇 못 먹는 사람들도 많았는데 한쪽에서는 이처럼 돈을 펑펑 쓰며 한가한 놀음이나 하고 있으니 사람들의 원망이 얼마나 컸겠니. 하지만 황실과 조정 대신들, 총독부 고

• 1920년대 대절 택시

위 관리들은 이에 아랑곳하지 않고 대절 택시로도 모자라 하나둘씩 수입 자동차를 사기 시작했어. 이때가 1913년 무렵인데, 서울에만 15대의 자동차가 있었지. 우리나라의 자동차 시대가 열린 시기라 볼 수 있어. 그로부터 2년 후인 1915년에는 자가용이 28대, 영업용이 53대로 총 80여 대까지 늘어났고, 1920년에는 전국에 걸쳐 670여 대, 서울에만 170여 대의 자동차가 거리를 누볐어.

하지만 상류층을 휩쓴 자동차의 인기는 그리 순탄하지도, 환영받지도 못했어. 자동차에 손님을 빼앗긴 인력거꾼들과 짚신장수들이 만만찮게 방해했거든. 인력거꾼들은 지나가는 자동차 앞을 일부러 가로막고 앉아 담배를 피워댔고, 짚신장수들은 자동차가 다니는 길마다 돌무더기를 쌓아 더 이상 못 가도록 훼방을 놨어.

자동차를 처음 본 지방 사람들과 아이들 역시 방해를 놓긴 마찬가지였지. 일단 지방 사람들은 자동차에 대해 공포심과 호기심을 동시에 느꼈어. 자동차가 나타났을 때 그 소리 때문인지 "벼락 맞는다"며 잔뜩 겁을 먹고 어디론가 숨기 일쑤인 사람이 있었는가 하면, 자동차를 타고 지나가는 사람들에게 "이 쇠당나귀 속에는 벼락 치는 번개가 들어 있다"며 "잘못하면 벼락 맞아 죽는다"고 으름장을 놓는 사람도 있었어. 가끔 가다 이 말을 듣고 차에서 진짜 내려버리는 승객들도 있었대. 또 아이들은 소에게 풀을 먹이다가 소들이 자동차 소리에 깜짝 놀라 달아나는 일이 너무 빈번하자 도로변 산기슭에 숨어 있다가 차가 지나가면 돌이나 소똥을 던져 괴롭혔다고 해. 지금은 많은 사람에게 유용하고, 또 그 존재가 당연시되는 자동차가 처음에는 이런 대접을 받았다니, 정말 재미있지 않니?

자동차가 등장하면서 재미있는 일이 많았네요. 그것과 관련된 **최초 기록들**이 더 있을 것 같아요.

음……. 무엇부터 얘기해줄까? 우선 차를 운전하려면 면허증이 필요하니까 우리나라 최초로 운전면허증을 딴 사람에 대해 말해줄게. 그런데 미리 말해둘 게 있어. 운전면허와 관련된 최초의 기록을 가진 사람은 한 사람이 아니야. 어떤 것에 의미를 두느냐에 따라 '최초'라는 영광이 각기 다른 사람에게 돌아갈 수 있지. 아빠도 그래서 조금 고민이 되는데, 이렇게 하기로 하자.

우리나라에 자동차 수가 급격히 늘어나자 1915년 7월, 최초의 자동차 관련 법인 '자동차취체규칙'*이 공표됐어. 여러 가지 내용이 있었는데, 그중 운전면허 시험 제도도 포함돼 있었어. 물론 이전에도 운전면허증과 비슷한 개념의 증서는 있었지. '운전사 감찰증'이라고, 운전사양성소에서 운전을 배우고 나면 졸업장 대신 줬어. 이것만 있으면 얼마든지 차를 운전해 다닐 수 있었지. 운전사가 귀하던 시절이라 가능했던 일이야. '출세하려면 운

* **자동차취체규칙** 서울 경무청이 자동차 단속을 위해 마련한 교통질서법. 자동차로 인한 인명 피해와 기물 파손을 예방하기 위한 것이었다.

전사가 돼라'는 말이 있을 정도였으니까. 하지만 운전면허 시험 제도가 도입된 후부터 운전사 감찰증은 소용이 없게 됐어. 아빠는 이 점을 기준으로 삼으려 해. 나라에서 인정한 운전면허증을 최초로 획득한 사람을 이야기하려는 거야.

우리나라에서 처음으로 정식 시험을 거쳐 운전면허증을 딴 사람은 놀랍게도 여성이야. 그녀는 최초의 관인 운전학원인 경성자동차강습소의 여성 수강생 1호이자, 운전대를 잡은 최초의 여성이지. 이름은 최인선. 1919년 그녀가 자동차강습소에 입학했을 당시 유일한 한글 신문이자 총독부의 기관지였던 〈매일신보〉는 '여자계의 신기록, 여자 운전사 출현'이라는 헤드라인과 함께 이 사실을 보도했어. '남녀칠세부동석'이라는 유교 관습 때문에 남녀의 구별이 엄격하고, 여성의 사회활동이 금기시되던 시절, 그야말로 획기적인 사건이었지. 그때 그녀의 나이는 고작 스물한 살이었어. 하지만 아쉽게도 그녀가 면허를 딴 후 택시운전사로 취업했다는 기록이 없어 '최초의 여성 운전사'라는 수식어까지는 얻지 못했지.

최초의 여성 운전사는 따로 있어. 그로부터 1년 뒤인 1920년 9월 〈동아일보〉에 이런 기사가 났거든.

우리나라 최초의 비공인 운전면허 소유자 

우리나라 비공인 운전면허 최초 소유자는 이용문이다. 최초의 한일 합작 자동차회사인 오리이자동차상회 설립 당시 공동 투자자인 이봉래의 아들이다. 이봉래는 땅을 엄청나게 소유하고 있는 부자였고, 그에게 투자를 제안한 사람은 우리나라에서 처음으로 대절 택시 영업을 시작한 일본인 곤도 미치미와 오리이였다. 이용문은 오리이자동차상회가 만든 우리나라 최초의 운전학원 경성자동차강습소에서 운전을 배웠으나, 운전사가 되지는 않았다. 한편 해외에서 이용문보다 먼저 면허를 취득한 사람도 있다. 미국에서 유학하던 이진구가 바로 그 주인공. 그는 1905년 뉴욕에서 운전 기술을 배워 현지에서 면허를 취득했다.

'이종하 군이 경영하는 평양자동차상회는 9월 1일 개업하여 근일 여자 운전사를 채용하였는데 그의 성명은 이경화이니 인천 화평리 출생으로 여자공립보통학교와 고등보통학교를 졸업하고 경성자동차강습소를 졸업한 23세의 묘령인 바 평양의 여자 운전사로는 그녀가 효시가 되겠더라.'

그런데 아빠가 보기엔 기사 내용이 다소 인색한 것 같아. 그녀는 평양 최초의 여성 운전사를 넘어 우리나라 최초의 여성 운전사였으니까.

아까 대절 택시 이야기도 했는데, 그와 관련된 일화도 소개해줄게. 우리가 택시를 타면 기사님이 제일 먼저 하는 일이 뭐니? 미터기, 그러니까 요금계산기 버튼을 누르는 거야. 우리에겐 무척이나 익숙하고 당연한 일이지만, 옛날에는 그렇지 않았어. 1926년 5월 아사히자동차부에서 미국식 계산법으로 만든 미터기를 처음 들여왔는데, 이것 때문에 기사와 승객들 간에 시비가 많이 붙었지. 그동안은 주먹구구식으로 요금을 계산했거든. 미터기가 딸깍딸깍 소리를 낼 때마다 손님들은 깜짝깜짝 놀랐어. 목적지에 도착하기도 전에 겁을 먹고 내려버리는 손님들도 있었고, 미터기 요금을 무시한 채 낼 수 있는 돈만 던지고 도망치는 손님들도 있었다고 해. 미터기를 처음 도입한 회사는 요금 때문에 손님과 실랑이할 일도 없고, 수입도 더 오를 거라 기대했지만 실상은 그렇지 않았지. 이전과 같은

女子界의 新記錄

女子運轉手出現?

지금 자동차강습소에서 연구중

=당자는 전주출생의 최인섭=

집안에 앉아서

우리나라 최초로 국가 공인 운전면허증을 취득한 최인선

우리나라 최초의 여성 운전사 이경화

거리를 가도 요금이 더 나오는 그 택시를 손님들이 피해 다녔거든. 결국 4개월 후, 택시에 달린 미터기를 모두 떼버리고 옛날 방식으로 돌아갔대. 이 역시 '처음'이기 때문에 벌어질 수 있었던 해프닝이겠지.

마지막으로 이 얘길 해줄게. 혹시 '자동차를 타고 가다 조난당했다'는 말, 들어봤니? 배 타고 바다로 간 것도 아니고, 산에 오른 것도 아닌데 자동차 조난이라니, 의아하지? 그런데 자동차가 등장한 지 얼마 되지 않은 그 시절엔 그런 일도 있었어. 우리나라 최초의 버스 때문에 일어난 일이야. 그때의 버스는 지금처럼 큰 게 아니었어. 고작 8명만 탈 수 있는 소형 승합차였지. 지붕에는 천막이 처져 있었고. 이 버스 사업을 처음 시작한 사람은 일본 상인 에가와 요네지로였어.

1913년 어느 날 〈매일신보〉의 기자가 그 버스의 남해안 정기 노선을 취재하러 갔다가 첩첩산중에서 연료가 바닥나 꼼짝도 못 하는 일을 겪었어. 다행히 무사 구조됐지만, 그는 그 일을 신문에 자세히 연재했지. '자동차 타고 여행하다가 까닥하면 황천객 될 뻔하였다.'라면서. 8인승 승용차가 '버스'라 불린 것도 재미있고, 연료가 바닥나 승객들이 첩첩산중에서 오도 가도 못한 채 발만 동동 굴렀다는 것도 재미있지 않니? 모두 지금 우리에겐 상상할 수도, 있을 수도 없는 일이니까 말이야.

자동차 연료 석유,
우리나라에 언제 어떻게 들어왔을까?

우리가 살아 움직이려면 밥을 꼭 먹어야 하듯 자동차에는 연료가 필요하다. 그런데 자동차가 많지 않던 1945년 광복 이전 우리나라 사람들은 원유, 휘발유, 등유, 경유를 구별하지 못하고 뭉뚱그려 '석유'라 불렀다. 그렇다면 석유는 우리나라에 언제 어떻게 들어왔을까.

개화기에 거의 반강제로 문호를 개방하게 되면서 나라에서는 미국과 일본으로 사신을 파견해 신문물을 배워오도록 했다. 이 시기인 1880년 9월, 개화파 정치인이자 승려였던 이동인도 일본으로 가게 됐는데, 거기서 그는 일본인들이 석유와 석유램프, 성냥을 사용하고 있는 걸 봤고, 귀국할 때 그것들을 사왔다. 이것이 석유(등유)가 우리나라에 맨 처음 들어오게 된 계기다.

1882년 한미수호조약 이후에는 서양의 관리, 기술자, 무역상, 선교사가 우리나라에 들어오면서 석유도 가지고 왔는데, 그들이 그것으로 등불을 켜고 취사용 연료로 사용하는 걸 보면서 우리나라 사람들도 석유의 편리함을 알게 됐다. 하지만 초기에는 중국이나 일본 상인들이 소량으로 들여오는 것밖에 없어 비쌌고, 이 때문에 대도시 상류층 가정에서만 석유를 사용할 수 있었다.

석유가 대량으로 수입된 건 1884년, 미국과 정식으로 무역이 이루어진 후였다. 이때부터 우리가 오랫동안 써오던 아주까리나 목화씨 기름 등잔이 석유 등잔으로 대체됐는데, 훨씬 밝고 냄새도 나지 않아 초기 서양 교역물 중 최고 인기 품목으로 꼽혔다. 여담으로, '회충에는 석유가 명약'이라는 소문이 퍼져 배앓이하는 아이들에게 석유를 한 숟가락씩 먹이는 사람들도 있었다.

1897년 12월에는 인천 월미도에 거대한 석유 저장 탱크가 들어서고 유조선 접안 시설이 설치됐다. 미국 최대 석유회사였던 '스탠다드오일'이 국내에 들어온 것이었다. 거대 유조선이 석유를 가득 싣고 인천으로 들어와 역시 산처럼 큰 석유 저장 탱크에 석유를 내리는 모습은 그야말로 넋을 잃고 바라보게 되는 광경이었다.

스탠다드오일은 우리나라의 초기 석유 수입을 독점하고 '솔표'라는 이름으로 석유를 판매했다. 그리고 1920년대 말까지 꽤 오랜 시간 우리나라 석유 시장을 주름잡았는데, 자동차가 처음 등장했을 때도 이 회사가 처음으로 휘발유를 들여와 팔았다.

자동차가 막 다니기 시작했던 1910년대 말 휘발유 값은 얼마였을까. 대개 1ℓ로 4~5㎞ 정도밖에 못 갔기 때문에 8~9ℓ 정도 사려면 쌀 한 가마를 포기해야만 했다. 당시 총독부 통계 자료를 보면 1㎞당 20전꼴이었다고 한다. 등유보다 비싸서 광복 이전까지는 주로 자동차 전용으로만 사용했다.

또 다른 자동차 연료로 휘발유보다 저렴한 경유가 우리나라에 들어온 건 1926년이었다. 디젤엔진 기동차가 서울과 온양온천 사이를 오갔는데, 이것이 경유를 사용한 우리나라 최초의 교통기관이었다. 그리고 1935년경 일본의 '얌마기기'에서 만든 디젤 발동기가 들어오면서 경유가 제2의 동력 에너지로 각광받기 시작했다.

한편 등유는 1925년경부터 농촌에 보급되기 시작한 발동기와 같은 시기에 등장한 연안 발동선의 연료로 주로 사용됐다.

- 원유 땅속에서 뽑아낸, 정제하지 않은 그대로의 기름. 적갈색 또는 흑갈색을 띠는 점도 높은 유상(油狀) 물질이며, 여러 가지 석유 제품 및 석유화학 공업의 원료로 쓴다.
- 휘발유 석유의 휘발 성분을 이루는 무색투명 액체. '가솔린'이라고도 하며, 원유를 증류할 때 30~200℃에서 나온다. 자동차와 비행기 등의 연료, 도료나 고무 가공 따위에 쓴다.
- 등유 원유를 증류할 때 150~280℃에서 나온다. 인화점이 40℃ 이상이며, 등불을 켜고 난로를 피우는 데 쓰거나 농업용 발동기의 연료, 용제(溶劑) 따위에 쓴다.
- 경유 원유를 증류할 때 250~350℃에서 등유 다음으로 나온다. 내연기관 연료로 쓴다.

02

로봇이 아닌 쇠망치로 자동차를 만들었다고요?

지금은 기계화된 공장에서 로봇이 뚝딱뚝딱 자동차를 만들어내지만, 우리나라에 자동차가 처음 등장한 시절에는 대부분 사람 손으로 만들었다. 자동차 역사는 서양에서 출발했기에 우리는 늘 따라가기 바빴다. 하지만 타고난 손재주와 의지로 기술을 갈고닦아 대한민국의 자동차 역사를 차근차근 써나가기 시작했다. 우리 손으로 자동차를 만들어낸 과정과 그렇게 탄생한 첫 자동차를 본 사람들의 반응은 어땠을까?

자동차는 로봇 같은 기계로 만드는 거 아니에요?

"오빠, 나 이것 좀 도와줘."

책상 앞에 앉아 있던 선우가 뒤를 돌아보자 늦둥이 동생 지우가 레고 블록을 들고 서 있었다.

"이거 잘 안 돼."

지우가 내민 레고는 길쭉한 판에 바퀴만 달려 있었다. 선우는 그런 동생이 귀여워 씩 웃으며 물었다.

"뭘 만들던 중이었는데?"

"자동차."

"그래? 그럼 다른 블록들은?"

"여기……."

지우가 다른 손을 펴자 그 위에는 크고 작은 블록들이 섞여 있었다.

"이걸로는 자동차를 완성하기 어렵겠는데? 다른 블록은 없어?"

"있어, 있어. 잠깐만."

이윽고 지우는 레고 블록 상자를 통째로 들고 왔다.

"어디 보자……. 어떤 자동차를 만들려고 했어?"

"우리 집 차. 아빠 차."

그렇게 해서 선우는 하던 공부를 잠시 미룬 채 지우와 머리를 맞대고 앉아 레고 블록으로 자동차를 만들기 시작했다. 잠시 후 아빠가 퇴근해 오셨다.

"너희 뭐하니?"

"아빠! 오빠가 자동차 만들어주고 있어."

"그래? 어디 보자. 우와……! 우리 선우, 손재주도 대단하구나!"

어느새 선우는 레고 블록으로 자동차 모양을 제법 갖춰놓고 있었다.

"아빠! 오빠 진짜 대단해! 나는 바퀴밖에 못 달았는데, 이거 오빠가 다했어."

"그래, 선우야. 멋지게 잘 만들었구나. 그런데 옛날에도 자동차를 이렇게 손으로 만들었다는 거 몰랐지?"

"네? 자동차는 로봇 같은 기계로 만드는 거 아니에요?"

"물론 지금은 그렇지. 하지만 우리나라에서 처음 만든 자동차는 로봇도 기계도 아닌 맨손으로 쇠망치 하나만 가지고 만들었단다."

선우와 지우는 눈이 동그래졌다.

"하하하. 그럼 아빠가 사이좋은 너희 남매를 위해서 그 옛날 자동차를 처음 만들던 시절 얘기를 들려줘야겠구나. 우리 막둥이한테는 많이 어렵겠지만, 재미있을 거야."

커다란 자동차를 어떻게 **쇠망치 하나로만** 만들 수 있어요?

그 얘기를 하려면 일제강점기 때로 거슬러 올라가야 해. 아빠가 앞서 얘기한 거 기억나? 1910년대부터 우리나라 자동차 수가 조금씩 늘어나기 시작해 자동차 시대가 열렸다는 거 말이야. 자동차가 많아지면 무엇이 필요할까? 자동차가 다닐 도로가 있어야겠고, 운전사도 더 많이 필요하겠지? 그런데 이런 것들 말고 또 다른 건? 더 생각나는 건 없어? 그럼 아빠가 힌트를 하나 줄게. 얼마 전 아빠랑 드라이브하다가 뜻하지 않은 일이 있었는데……. 옳지. 맞아. 자동차를 정비할 사람도 필요해.

너도 알다시피 1910년대면 우리가 일제 식민지 치하에 있을 때잖아. 그래서 여러 가지 제약이 있었어. 자동차 산업도 마찬가지였지. 일단 공업적인 발전 기반을 마련하기가 어려웠어. 자동차가 우리나라에 들어온 지 얼마 되지 않은 시기여서 그랬던 것도 있지만, 일제가 식민지 경제 정책을 내세우며 공업 기반이 마련되는 걸 억압했거든. 자동차 공업이 아닌, 자동차와 관련된 산업들이 먼저 형성될 수밖에 없었어. 택시나 버스를 이용한 운송업이라든지 정비업, 판매업, 보험업 같은 것 말이야.

특히 1910년대 중반부터 정비공장이 본격적으로 들어서기 시작했는데, 시간

자동차보험회사가 자동차회사보다 먼저 세워졌다?

우리나라에 자동차 보험이 처음 등장한 시기는 일본에서 규모가 가장 크고 오래된 비생명보험회사인 '동경해상화재보험'이 경성대리점을 개설한 1924년경으로, 이것이 국내 자동차 보험업의 효시다. 그리고 우리나라 최초의 근대적 보험회사인 '조선화재해상보험(지금의 '메리츠화재')'이 1922년 10월부터 조선은행과 대리점 계약을 맺고 보험을 팔기 시작한 후 1936년 특종 보험 면허를 취득하면서 자동차 보험 업무를 개시했다. 기아자동차의 전신인 경성정공이 1944년, 현대그룹의 전신인 현대자동차공업사가 1946년에 설립된 것을 감안하면 자동차 제조업보다 자동차 보험업이 훨씬 먼저 출발한 셈이다.

이 지나 자동차 수가 많아질수록 점점 발전해나갔어. 당연한 결과겠지? 아빠가 맨 처음 너한테 질문했던 것도 이걸 강조하기 위한 거였어. 운송업, 판매업, 보험업에 대해서도 해줄 이야기는 많지만, '맨손으로 쇠망치 하나만 가지고 자동차를 만들었다'는 이야기를 하려면 정비업에 좀 더 초점을 맞춰야 하거든. 아빠 얘길 계속 들어보면 이해될 거야.

자동차 수와 정비 수요가 가파른 각도로 비례해나가자 규모가 큰 정비공장에서는 정비뿐 아니라 차체 제작과 부품 판매를 병행하기 시작했어. 자동차 기술자들의 실력도 그만큼 성장해나갔지. 우리나라 자동차 산업에서의 '성장'은 이때부터가 시작이야. 1930년대 후반, 일제가 중일전쟁과 태평양전쟁 등 세계전쟁을 계획하기 시작하면서 통제 정책을 더욱 강화했는데, 그 영향으로 정비업을 제외한 자동차 관련 산업은 위축된 반면, 자동차 부품 제작을 중심으로 한 정비업은 호황을 누렸어. 일제가 군수용 휘발유와 자동차 그리고 부품을 더 많이 확보하기 위해 압력을 가했거든. 일단 휘발유 사용을 줄이기 위해 운수업체들을 통제했고, 트럭 등 자동차는 전쟁 물자로 빼앗아갔어. 자동차 운수업과 판매업, 보험업은 자연스럽게 자리를 잃었지. 대신 일제는 군수용 자동차에 필요한 부품 생

• 1950년대 수공업적 자동차 생산 현장

산을 확대했어. 이때 국내에서 제작한 부품들은 차체, 스프링 등 단순 가공품이었고 종류도 몇 가지 안 됐지만, 이런 과정을 거치면서 정비 기술을 비롯한 차체 제작 기술, 단순 주물 및 부품 가공 기술 등을 갖게 됐지. 이 시기의 경험이 해방 이후 우리나라 자동차 산업 발전에 아주 큰 밑바탕이 된 셈이야. 그 덕분에 훗날 쇠망치 하나만 가지고 맨손으로 자동차를 만들 수 있었던 거고.

그러다 1945년 해방이 됐는데, 이때 자동차 산업이 잠깐 주춤했어. 주축이 됐던 일본인들이 자기 나라로 돌아갔거든. 산업에 필요한 일본 자본 역시 사라졌겠지? 우리에게 남은 건 고장 난 일본 군용차와 일제의 휘발유 사용 억제 정책 때문에 개조해 쓰던 목탄차*뿐이었어. 그마저도 부품이 부족해 폐물로 방치돼 있었지. 그런데 다행히 그 무렵 일본군이 비축해뒀던 휘발유가 발견됐고, 미군이 들어오면서 휘발유와 부품 등이 대량으로 유통됐어. 자, 그렇다면 무얼 할 수 있었을까? 당시 정비업을 하던 사람들은 일본 군용차의 몸통에 미군에서 흘러나온 부품들을 끼워 넣었어. 휘발유가 있으니 목탄차를 휘발유차로 재개조하는 작업도 함께했고 말이야. 이로써 정비업과 부품업을 기반으로 한 중고차 개조업이 시작된 거지. 그 덕분에 국내 자동차 보유 대수도 다시 증가했어. 해방 당시 남북한 통틀어 7,400여 대에 불과하던 것이 5년도 채 되지 않아 남한에만 1만 6,400대였으니, 실로 엄청난 추진력과 기술력이 아닐 수 없어.

그런데 성장하는 일만 남은 줄 알았던 자동차 산업은 6·25전쟁이 터지면서 바닥으로 곤두박질쳤어. 정비공장과 부품공장이 파괴된 건 말할 것도 없

* **목탄차** 1940년대 초 제2차 세계대전이 가열되면서 일제가 우리나라 전국의 버스와 트럭 회사들을 통폐합한 후 남은 트럭과 휘발유를 몽땅 착취해가는 바람에 대체 연료 자동차로 개조하는 일이 시급해졌다. 이때 등장한 것이 '숯불 자동차'라 불리던 목탄차다.

고, 무서운 속도로 불려놓았던 자동차들도 약 75%나 폐차 지경이 됐지. 그나마 쓸 만한 민간 트럭들은 군에서 모조리 강제로 가져가버렸고 말이야. 당시 교통수단은 거의 전멸 상태였어.

하지만 우리가 어떤 민족이니? 불굴의 투지를 가진 영리한 민족 아니니? 자동차업계에 종사하던 사람들이 해방 직후 보여줬던 저력으로 자동차 재생개조업을 다시 시작했어. 미군이 타던 지프를 비롯한 폐차와 중고 부품들이 곳곳에 널려 있었거든. 고장 난 자동차에서 부품과 엔진을 분리해 재생하고, 쇠망치로 드럼통을 두드려 펴서 몸체를 만든 다음 조립하는 식이었지. 바로 이게 아빠가 말한 '쇠망치로 만든 자동차'야. 더 놀라운 건 이 모든 작업이 전쟁으로 잿더미가 된 공장 터에서 천막 하나만 겨우 쳐놓고 이루어진 일이었다는 거야. 심지어 바로 그 '천막 공장' 안에서 불과 며칠 만에 재생 자동차가 하나씩 하나씩, 뚝딱뚝딱 만들어져 나왔지. 이 모습을 본 미군들은 깜짝 놀랐어. 그리고 믿을 수 없다는 듯 고개를 절레절레 흔들며 이렇게 감탄했다고 해.

"한국 사람들은 신의 손을 가졌다!"

우리나라 최초의 자동차 정비공장

1914년부터 서울 정동에서 우리나라 최초의 자동차 판매점을 운영하고 있던 미국인 제임스 모리스가 샌프란시스코의 일류 정비사인 친구 하워드를 불러 이듬해 자신의 자동차 판매점 옆에 정비소를 차린 것이 우리나라 최초의 정비공장이다. '자동차 병원'이라 불린 이곳에는 모리스가 판매한 차는 물론 황실과 총독부의 자동차, 다른 판매상들이 판 자동차까지 몰려왔고, 서양인 '자동차 의사'를 구경하려는 사람들까지 가세해 인산인해를 이뤘다. 순경들이 나서야 할 정도였다. '자동차 병원', '자동차 의사'라는 소문 때문이었는지 자기 아들의 병을 고쳐달라는 사람까지 있었다는 웃지 못할 해프닝도 전해진다. 모리스는 이후 조선의 젊은이들을 뽑아 정비 기술을 가르쳤고, 우리나라 사람이 세운 최초의 정비공장은 일본에서 정비 기술을 배워온 정무묵 · 정형묵 형제가 1922년에 차린 '경성서비스공장'이다.

우리나라 사람들은 정말 **손재주**를 타고났나 봐요!

그러게 말이야. 한데 손재주뿐 아니야. 앞을 내다보는 혜안도 가졌지. '쇠망치로 만든 자동차' 이야기는 여기서 끝이 아니란다. 지금부터가 진짜야.

6 · 25전쟁이 일어나기 전부터 서울에서 자동차 정비업을 하던 3형제가 있었어. 최무성, 최혜성, 최순성. 일제강점기 때 맏형인 최무성은 신문기자였고, 둘째 최혜성은 배우, 막내 최순성은 경성공업사라는, 당시 서울에서 제일 큰 자동차 정비업체의 엔진반장이자 정비기술자였지. 그런데 해방이 되자 최무성은 신문기자 일을 그만두고 돌연 둘째 동생에게 "생산적인 일을 하고 싶다"고 말해. 이에 최혜성은 "앞으로 우리나라에 자동차가 많이 필요한 시대가 올 것이고, 자동차 사업이 전도유망할 것 같다"며 형의 뜻을 구체화시켰어. 최무성은 무릎을 쳤지. 뒤떨어진 국가 경제를 일으키는 데 자동차가 절대적인 역할을 할 거라 생각한 거야. 더 나아가 수입 자동차가 아닌 국산 자동차를 만들겠다는 목표까지 세우고, 그 기반을 다지기 위해 정비업에서부터 자동차 기술을 익혀야겠다고 결심했지. 그래서 '국제공업사'라는 정비공장 겸 개조공장을 설립했어. 이들이 바로 아빠가 아까 말한 '6 · 25전쟁 후 잿더미 속 천막 공장에서 재생 자동차를 만들던 사람들' 중 하나였던 셈이야.

미군 차에서 나온 부품을 손으로 하나하나 맞춰 다시 조립하고 쇠망치로 편 철판을 덮개로 얹어 만든 이들의 재생 지프는 인기가 좋았어. 형제는 돈을 꽤 벌었지. 그런데 맏형 최무성은 여기에 만족하지 않았어. 애초 목표였던 '국산 자동차 만들기'를 시작할 때가 왔다고 생각했지. 동생들은 막대한 비용이 든다는 경제적인 이유와 기술적인 문제로 걱정하며 말렸지만, 결국 맏형의 말에 고개를 끄덕일 수밖에 없었어. "미군 폐차도 언젠가는 동날 것이고, 그렇다면 대안이 필요하며, 그 대안이란 자동차를 직접 만드는 것"이라는 게 핵심이었지. "자동차를 직접 만들면 그만큼 자동차가 많아질 것이고, 그래야 정비업도 더불어 잘될 것"

이라는 말도 덧붙였어. 혜안이 있었던 거지. 언뜻 보기엔 '혜안'이라고 할 것까지는 없는, 누구나 할 수 있는 생각이라 여길 수 있지만, 잘 한번 생각해봐. '자동차를 우리 손으로 직접 만든다'는 건 당시만 해도 말처럼 쉬운 일이 결코 아니었어. 일단 핵심 부품인 엔진을 만들려면 고도의 기술이 필요했는데, 부품을 조립해 재생 자동차만 만들던 시절에 그런 기술을 가진 사람이 어디 있었겠어?

• 최무성 3형제와 '시발' 자동차

하지만 뜻이 있는 곳에 길이 있다고 하잖니. 최무성은 미리 점찍어둔 '엔진 도사'가 있었어. 이 무렵 '국제차량제작주식회사'로 이름을 바꾼 자신들의 공장에서 재생 자동차 기술자로 일하고 있던 김영삼이 바로 그 주인공이야.

사실 최무성이 우리 손으로 자동차를 만들겠다는 결심을 굳히고 실행에 옮길 수 있었던 건 김영삼의 거듭된 권유와 설득 덕분이었어. 김영삼은 입사 후 국산 자동차 제작 계획을 접하고 누구보다 적극적으로 '엔진의 국산화'를 주장했대. 그에게는 '국산 엔진 만들기'라는 오랜 꿈이 있었거든. 어릴 때부터 기계에 관심이 많았는데, 어느 날 모터보트에 달린 엔진을 보고 단번에 매료됐던 거야. 기계 기술을 배우기 위해 그 시절 일본 도쿄까지 건너가 주경야독하고, 엔진 수리공장에 들어가 실력을 쌓았을 만큼 엔진에 대한 애정이 각별했지. 그의 이력은 실로 화려해. 중국 발동기 수리공장에서 엔진 제작 기술을 익힌 후 철공소를 운영하며 엔진을 수리하고 기계 부속품을 만들어 팔았는가 하면, 우리 해군에서 발전기 기술자로 지내기도 했어. 그러다 거래처 사람의 소개로 국제차량제작주식회사에 입사하게 된 거고. 그전까지만 해도 김영삼은 엔진을 직접 만들겠다는 꿈을 가슴에 품은 채 혼자 일하는 데 만족하고 있었어. 하지만 최씨 3형제 중 부사장인 최혜성이 직접 찾아와 함께 일하기를 간청하고, 주변에서도 회사에 들어

• 엔진 몸체를 가공하고 있는 엔진 도사 김영삼

가면 언젠가 엔진 만들 기회가 생길지도 모른다고 설득해 그들과 인연을 맺었지.

참고로 김영삼의 손재주는 확실히 남달랐나 봐. 그는 국제차량제작주식회사에 들어가서 1년 정도 재생 자동차를 만들었는데, 1954년 해방 9주년 기념 산업박람회에서 그가 만든 재생 지프차가 '차체 장려상'을 받기도 했으니까 말이야.

그럼 옛날에는 **엔진**도 **맨손으로 직접** 만들었어요?

믿기지 않겠지만 정말 그랬어. 아빠가 "쇠망치로 자동차를 만들었다"고 한 건 말 그대로의 의미는 물론, 기계도 로봇도 없던 시절, 원시적인 방법을 이용해 '맨손으로 자동차를 만들었다'는 의미도 있는 거지.

최씨 3형제와 김영삼은 국산 자동차 만들기에 본격적으로 뛰어들었어. 예상했던 대로 쉽지는 않았지. 기계도 없었고 설계도도 없었으니까. 작은 나사 하나조차 손으로 일일이 깎아 만들던 시절이었어. 가진 건 성공하고야 말겠다는 의지와 맨손뿐이었지. 실패와 좌절을 숱하게 경험할 수밖에 없는 상황이었어. 하지만 포기할 그들이 아니지. 그럴 거였다면 시작도 않았을 거야.

일단 핵심 부품인 엔진은 미군용 지프의 것을 본떠 만들기로 했어. 그리고 엔진 부속품인 실린더 헤드*를 먼저 만들었지. 나무로 모형을 만든 다음 주물을 제작했는데……, 주물이 뭔지 알아? 틀에 쇠를 녹

* **실린더 헤드(cylinder head)** 실린더(회전력을 발생시키는 피스톤이 고속 직선 왕복하는 부분) 윗부분에 씌우는 덮개. 압축가스가 새지 않도록 실린더 블록(몇 개의 실린더를 합친 것. 엔진의 중심부이자 엔진의 골격을 이루는 부품)과의 사이에 개스킷(gasket, 실린더의 이음매나 파이프의 접합부 따위를 메우는 얇은 판 모양 패킹)을 끼워 볼트로 고정한다.

여 부은 후 굳혀서 실제 모양으로 완성한 거야. 당시만 해도 우리나라에서 만드는 주물이라곤 무쇠솥이나 농기구 같은 단순 제품뿐이어서 정밀해야만 하는 엔진을 만드는 데 어려움이 많았어. 경험 자체가 아예 없었으니까. '최초의 국산 엔진'을 만드는 과정이었으니 당연했겠지? 아무튼 그렇게 어찌어찌해서 1955년 3월 실린더 헤드를 만드는 데 성공했고, 그 밖의 엔진 부품들도 속속 만들어나갔어. 그리고 5개월 후, 마침내 4기통 국산 엔진이 완성됐어!

• 1950년대 후반 시발자동차 공장. 천막으로 만든 공장에서 '시발'을 생산하고 있다.

어느 날은 상공부(현재의 '산업자원부') 직원과 기자, 미군 몇 명이 국제차량제작주식회사의 엔진 주물공장을 찾아왔어. 지프 엔진을 만들고 있다는 정보를 입수하고 조사차 나온 거였지. 그런데 그들은 눈앞의 장면에 놀라 입을 다물지 못했어. 공장이라는 곳에는 건물도 없이 천막만 처져 있고, 기계라고는 보이지 않으며, 기껏해야 흙으로 만든 틀만 있을 뿐이었지. 그 틀에 쇳물을 부어 주물을 만든 후 손으로 직접 구멍을 뚫거나 깎아내는 모습이라니! 게다가 그렇게 원시적인 방법으로 만든 엔진은 지프 엔진과 똑같기까지 하니 얼마나 더 놀랐겠어. 눈으로 직접 보고도 믿지 못할 광경이었지. 그들은 혀를 내둘렀어.

그게 샘이 났던 걸까? 그들은 "더 이상 지프 엔진과 똑같은 엔진을 만들면 안 된다"며 뜻밖의 엄포를 놓고 가버렸어. 나중에 알고 봤더니 당시 지프를 만들던 미국의 윌리스오버랜드모터스가 이 사실을 알고 "자사의 허락도 없이 설계를 도용하고 있다"며 맥아더 장군 사령부에 항의했던 거야. 자칫하다가는 성공을 목전에 두고 사람들에게 선보이지도 못한 채 고생만 하다 모든 게 물거품이 될 위기가 닥쳤지. 최씨 3형제는 곧장 맥아더 장군의 사령부와 우리 정부를 찾아가 설득했어. 다행히 일주일 제작 정지 처분만 받고 없던 일이 됐지.

하지만 해결해야 할 일들은 또 있었어. 만들어야 할 부품들이 비엔나소시지처럼 줄줄이 남아 있었거든. 이것들 역시 모두 손으로 하나하나 깎고 녹이는 원시적인 방법으로 시험에 시험을 거듭하고, 실패에 실패를 거듭하며 만들어나갔지. 변속기와 차축 등 국내 생산이 불가능했던 나머지 부품들은 이전까지 해오던 방식으로 폐차된 미군 지프에서 가져왔고, 차체도 예전 방식 그대로 드럼통을 자르고 쇠망치로 두드려 펴서 만들었어.

그렇게 해서 1955년 9월, 드디어 우리나라 첫 국산 자동차 '시발(始發)'이 탄생했어. '처음으로 시작된다'는 뜻의 이름이지. 그리고 최초의 국산 자동차이니만큼 상표는 순우리말로 하자고 해서 '시-바ㄹ'을 사용했어. 엄밀히 말하면 시발은 '엔진의 주요 부품을 최초로 국산화한 자동차'라고 해야 할 거야. '완전 수공업 방식으로 제작'했다는 것도 상당한 의미가 있고 말이야.

시발은 지프를 모델로 한 6인승 승용차였는데, 네모난 상자 모양이었어. 4기통 엔진과 전진 3단, 후진 1단 변속기가 장착됐고, 문은 2짝, 앞 좌석도 2개, 뒷좌석은 일자형이었지. 처음 이것 1대를 만드는 데는 무려 4개월이나 걸렸다고 해. 요즘처럼 완전 기계화된 시설 없이 오직 사람의 손으로 다 만들어야 했으니까 어쩔 수 없었겠지? 밤을 꼴딱 새우는 일이 다반사였대. 잠을 쫓으려고 밤새 노래를 부르기도 했다더라. 그렇게 본다면 4개월이라는 제작 기간 또한 대단한 거라 해야 할지도 모르겠구나.

'시발' 자동차를 처음 본 사람들의 반응은 어땠어요?

한마디로 폭발적이었어. 여러 우여곡절 끝에 탄생한 시발은 완성 1개월 후인 1955년 10월 해방 10주년 기념 산업박람회에서 첫선을 보였는데, 거기서 '최우수 국산품'으로 선정돼 대통령상까지 수상했지. 언론은 이 사실을 대대적으로 보도했고, 시발의 인기는 하룻밤 사이 하늘 높은 줄 모르고 치솟았어. 이내 날개 돋친 듯 팔렸지. 그 덕분에 꽤 많은 돈을 번 최씨 3형제는 그제야 모양을 제대로 갖춘 공장을 마련했어. 회사명도 '시발자동차주식회사'로 바꿨고.

시발은 일반 승용차로서뿐 아니라 택시로 특히 인기가 좋았어. 그동안은 전쟁 때문에 자동차가 부족해서 택시회사들이 영업을 제대로 못 했거든. 낡아빠진 중형 미군 트럭인 '쓰리쿼터'의 뼈대에 엔진 등 부품을 장착하고 드럼통을 펴서 덮은 12인승 왜건형으로 간신히 택시 영업을 하고 있었어. 그마저로도 충당이 안 되자 19인승 마이크로버스*로 또 한 번 변신시켜 당시 대중교통을 책임졌지. 이런 상황이다 보니 시발에 대한 수요는 자연히 폭증할 수밖에 없었어. 오죽하면 자동차 계약 속도를 생산이 못 따라갈 지경이었겠니. 자동차가 귀한 데다 기계가 아닌 손으로 부품을 일일이 만들던 시절이라 그랬다고 볼 수 있지. 공장은 날마다 문전성시였고, 차를 먼저 사려고 권력을 앞세우는 사람들이 생겨나기도 했어. 그중 일부 상류층 부인들이 문제였는데, '시발계'라고 해서 권력을 동원해 2~3대씩 한꺼번에 사들인 다음 웃돈을 얹어 되판 거야. 인기에 힘입어 차 값은 이미 훌쩍

• 엔진의 주요 부품을 최초로 국산화한 '시발'

* 마이크로버스 푸른 눈을 가진 노랑머리 미국인들의 차를 개조해 만들었고, 차에 노란색을 칠했다고 해서 '노랑차'라 불렸다. 시발자동차주식회사의 19인승 마이크로버스가 대중교통으로서의 역할을 충실히 하고 있을 무렵, '신진공업사'라는 자동차 제조공장을 운영하던 김창원이 25인승으로 규격화한 마이크로버스를 무려 2,700여 대나 만들어 당시 운수업자들은 물론 시민들에게 크게 환영받았다.

뛰어올라 있었는데, 그보다 더 큰 돈을 지불하고서까지 구입한 사람이 있었다는 걸 보면, 당시 시발의 인기가 어느 정도였는지 짐작할 수 있겠지?

선우야 어때? 여기까지의 이야기에서 우리가 기억해야 할 게 몇 가지 있는데, 꼽아볼 수 있겠니? 우선 일제 치하의 어려운 상황과 전쟁 후의 잿더미 속에서도 우리만의 기술을 꿋꿋이 키워나갔다는 것. 그리고 자동차 산업의 중요성과 그것이 가져올 더 나은 미래를 예측하고 거침없이 도전해 무에서 유를 창조해냈다는 것. 아빠 생각에는 이 두 가지가 가장 중요한 것 같아. 이건 이후부터 오늘날에 이르기까지 우리나라 자동차 산업을 발전시켜온 원동력이기도 하거든.

누군가는 이런 말을 했더라. "한국인들은 6 · 25전쟁의 폐허 속에서도 의지가 완강했고, 자동차 제조업에 대한 실력이 원시적이며 기초적이었음에도 불구하고 쇠망치로 드럼통을 꽝꽝 두드리듯 그것을 다져나갔다"고 말이야. 아빠는 이 말에 무척 공감해. 특히 '쇠망치로 드럼통을 꽝꽝 두드리듯 실력을 다져나갔다'는 부분이 가슴을 크게 울렸어. 너는 어떠니?

우리나라 최초의 자동차 CM송을 담은 '시발' 광고

시발은 국산 자동차 최초로 신문과 라디오 광고에 등장했다. '우리 손으로 만들어낸 자동차'라는 자부심을 표현하며 외국인에게 자랑도 하고 싶다는 의도로 만들어졌는데, 특히 '시발~ 시발~ 우리의 시발~'이라는 가사가 담긴 CM송은 자칫 욕처럼 들리는 '시발'이라는 단어가 반복돼 더욱 화제였다.
한편 이보다 앞선 우리나라 최초의 자동차 광고 주인공은 1920년 〈매일신보〉에 실린 미국산 오클랜드였다. '개나리 피어 흐드러지고 진달래가 만발하여 지금이 한창 좋을 때올시다.'라고 시작하는 장문의 글이 실린 택시 광고도 있었는데, 시 같은 문장 덕분에 택시도 인기를 끌었다.

시발자동차주식회사, 그 뒷이야기

마냥 계속될 것만 같던 '시발'의 인기는 그리 오래가지 않았다. 1955년 10월 해방 10주년 기념 산업박람회를 통해 세상에 첫선을 보인 후 2년도 채 되지 않은 1957년 '5 · 8조치(5 · 8라인)'가 내려지면서 1차로 크게 타격을 받았고, 5 · 16 군사정변 이후 들어선 제3공화국 혁명정부가 '자동차공업5개년계획'의 일환으로 세운 '새나라자동차'가 현대적 조립 방식과 자동차공학에 따라 제대로 만든 첫 승용차 '새나라'를 출시하면서 경쟁력을 완전히 잃은 것이다. 그러다 1964년, 시발자동차주식회사는 결국 공장 문을 닫았다.

'5 · 8조치'란 쉽게 말해 '자동차 보유 대수 억제 정책'이었다. 6 · 25전쟁 후 경제활동이 정상화되자 국내 자동차 보유 대수가 빠르게 늘어났고, 휘발유 소비도 덩달아 급증했는데, 당시 정부로서는 외환 사정 때문에 이를 감당할 수가 없었다. 그래서 기존 택시를 폐차시키고 일명 '노란 스티커'를 발급받아야만 새 택시 구입과 신규 등록이 가능하도록 했다. 자동차 교통 관련 사업 면허 역시 신규 발급을 억제했다. 영업용 택시로 전국을 신나게 누비며 높은 판매고를 올리고 있던 시발자동차 입장에서는 발등에 불이 떨어진 셈이었다. 이에 회사는 휘발유 대체 연료 자동차와 택시가 아닌 자가용 승용차 개발을 서둘렀다.

그 결과 시발자동차는 무연탄 자동차 개발에 성공했고, 1958년 상공부의 대체에너지 발명 공모전에서 논문 부문과 발명품 부문 모두에서 최고상을 받으며 다시 한 번 화제를 낳았다. 최무성은 또 다른 대체 연료 자동차 개발 계획을 세우고, 시발을 팔아 번 돈을 아낌없이 투자했다. 무연탄을 액화시킨 메탄올 자동차에 이어 디젤 엔진 개발에도 뛰어들었는데, 안타깝게도 이후 회사가 기울면서 결국 세상에 선보이지 못했다.

• 시발자동차가 제2의 전성기를 꿈꾸며 야심차게 출시했으나 끝내 빛을 못 보고 단종돼버린 '뉴 시발'

한편 승용차 개발에 있어서는 부유층을 겨냥해 외양을 좀 더 예쁘게 만들고 내부를 고급스럽게 꾸며 왜건형 '뉴 시발'을 출시했다. 그러나 대중에게 호응을 별로 얻지 못했다. 엎친 데 덮친 격으로 이 무렵 '새나라' 자동차가 등장하면서 시발자동차의 매출은 눈에 띄게 뚝뚝 떨어졌고, 계속 맥을 못 추더니 끝내 단종되고 말았다.

시발자동차가 다시 일어서지 못한 데는 몇 가지 이유가 있다. 수공업적 한계 때문에 근대적 조립 방식을 택한 새나라와 품질, 성능, 디자인 면에서 상대가 되지 않았고, 엔진의 국산화에는 성공했으나 불량률이 너무 높았다. 또 당시의 정치적, 경제적 혼란과 소용돌이 속에서 후원을 받지 못했기 때문에 더 이상의 성장은 어려웠다. 우리나라 자동차 산업 역사에서 빼놓을 수 없는 큰 업적을 남겼음에도 불구하고, 자동차 산업 정책의 부재로 인해 최대 피해자가 된 셈이다.

그런데 시발자동차의 이 같은 흥망성쇠기는 비단 한 회사에만 국한되는 일이 아니다. 이후 우리나라 자동차 산업 역시 그와 비슷한 패턴으로 성장과 쇠퇴를 반복하며 발전해왔기 때문이다. 그 패턴이란 바로 '경제 불황 → 자동차 보유 억제 정책 → 수요 감소 → 판매 부진으로 인한 업체의 경영난 → 부실 기업화 → 업체의 자구책'이다. 이것을 미리 알고 있으면 앞으로 펼쳐질 우리나라 자동차 산업 역사에 대한 이야기들을 좀 더 쉽게 이해할 수 있을 것이다. 이는 시발자동차가 우리에게 남긴 또 하나의 의미이기도 하다.

현재 시발은 제주세계자동차박물관과 삼성화재교통박물관에 실제 차량이 아닌 복원품으로 각각 1대씩 전시돼 있다.

03

우리나라 최초의 고유 모델 자동차가 수출까지 됐어요?

1960년대, 우리 자동차업계는 이전의 수공업적 조립 생산에서 벗어나 근대적 조립 방식을 도입했다. 여기에는 정부의 역할이 컸다. 자동차 산업의 중요성을 인지한 정부가 국산화 등 다양한 개발 계획과 정책들을 펼치며 자동차 산업 발전의 기틀을 마련한 것이다. 자동차업체들의 자발적인 노력도 물론 있었다. 그리하여 1970년대, 마침내 최초의 국산 고유 모델 자동차가 탄생했고, 이것으로 우리나라 자동차 수출이 본격화됐다. 한국인의 저력을 보여준 그 가슴 뛰는 순간들의 이야기.

고속도로 덕분에 자동차 산업도 발전했대요!

오늘은 선우 할머니의 고희연이 있는 날이다. 친척들이 다 모이기로 했는데, 춘천으로 출장을 간 아빠에게선 아직 출발한다는 연락이 없다.

"아빠가 늦으실 모양이구나. 일단 우리 먼저 출발하자. 나갈 준비해."

선우는 엄마, 동생과 함께 먼저 집을 나섰다. 토요일이라 그런지 도로에는 차가 많았다. 때마침 선우의 휴대폰 벨이 울렸다. 아빠였다.

"아빠! 이제 출발하시는 거예요?"

"응. 이제 막 차에 탔어. 고희연 장소로 바로 갈게."

연회장에 제일 먼저 도착한 가족은 선우네였다. 곧이어 오랜만에 보는 친척들과 주인공인 할머니가 도착하셨고, 예정된 시간에 고희연이 시작됐다. 맛있는 음식이 가득하고 재밌는 레크리에이션이 펼쳐졌지만, 선우는 자꾸만 입구 쪽으로 시선이 갔다. 그러던 어느 순간, 아빠가 들어왔다.

"어머니, 저 왔습니다. 늦어서 죄송해요."

"아니다, 아범아. 바쁜데 오느라 수고했다. 어서 앉아 뭐부터 좀 먹어."

아빠는 비어 있던 선우 옆자리에 앉았다.

"맛있는 거 많이 먹고 있었어?"

"네. 생각보다 빨리 오셨네요. 아까 통화하고 한 시간쯤밖에 안 된 거 같은데."

"아빠는 베스트 드라이버잖아! 고속도로를 시원~하게 달려왔지. 경춘고속도로 없었으면 이렇게 빨리 못 왔어."

"경춘고속도로요?"

"응. 서울과 춘천을 잇는 고속도로. 참, 너는 한 번도 안 가봤겠구나."

"네."

"그 고속도로 덕분에 서울과 춘천을 오가는 시간이 약 40분 단축됐지. 어디 서울과 춘천 간뿐이겠니. 우리나라 전 국토에 걸쳐 수많은 고속도로가 있어서 그 덕분에 전국이 일일생활권이 된 거 아니냐. 요즘은 춘천과 양양을 잇는 고속도로를 건설 중인데, 이게 개통되면 서울에서 동해 강릉까지 한 시간 반 만에 갈 수 있어. 지금은 세 시간이나 걸리는데 말이야."

"와! 그럼 우리나라엔 고속도로가 몇 개예요? 언제 처음 생겼어요?"

"하하하. 우리 선우, 또 호기심이 발동했구나. 그런데 지금은 할머니를 위한 자리니 궁금하더라도 조금만 참아. 집에 가면서 자세히 얘기해줄게. 대신 이것만 먼저 알아둬. 고속도로 개통이 자동차 산업의 발전과도 관계가 깊다는 걸 말이야. 우리 선우, 요즘 자동차 이야기에 푹 빠졌잖니?"

"네, 좋아요!"

고속도로 개통이 자동차 산업의 발전과 어떤 관계가 있어요?

'본말전도(本末顚倒)'라는 사자성어 알지? '일의 시작과 끝이 뒤바뀌었다'는 다소 부정적인 의미인데, 1960년대 말 고속도로 건설 계획이 처음 발표됐을 때만 해도 사람들은 그야말로 일의 앞뒤가 바뀌었다며 격렬하게 반대했어. 그도 그럴 것이, 당시 우리나라에는 자동차가 그리 많지 않았거든. 고속도로를 달릴 차도 없는데 어째서 막대한 비용을 들여 무리하게 고속도로를 건설하려느냐는 게 중론이었지. 앞서 얘기했다시피 그때는 미군의 폐차 트럭에다 쇠망치로 드럼통을 두드려 펴서 얹고 여기저기서 쓸 만한 부품을 가져다가 자동차를 조립하던 시기를 겨우 벗어나, 어렵게 어렵게 순수 국산 엔진을 개발해 '시발'이라는 자동차를 생산했고, 이후 '새나라' 자동차 등이 등장하면서 자동차 산업에 조금씩 발동을 걸던 시절이었어.

하지만 '뜻이 있는 곳에 길이 있다'고 하잖아. 고속도로 건설을 적극 추진한 박정희 대통령은 이를 바탕으로 관련 산업의 발전을 꾀할 수 있고, 당시 철도에만 의존하던 수송 수단을 자동차로까지 확대하면 물류 이동이 더욱 편리해지고 활발해져 경제 발전 속도도 그만큼 높일 수 있다고 믿었어. 이를테면 '아프리카 사람들이 신발을 신지 않으니 신발을 팔 수 없다'가 아니라, '그들이 신발을 신지

독일 아우토반에서 발견한 고속도로의 힘 ▼

1964년 박정희 대통령은 파견 가 있던 우리나라 광부들과 간호사들을 격려하기 위해 독일에 갔다가 세계 최초의 고속도로인 '아우토반'을 둘러보게 됐다. 이곳을 통해 물자와 인력이 막힘없이 이동하는 모습은 가히 놀라웠다. 당시 독일은 제2차 세계대전 패배로 인해 무너진 산업과 경제를 재건하던 중이었는데, 박 대통령은 그 놀라운 재건력을 아우토반에서 발견한 것이다. 아우토반은 1932년에 개통됐고, 제2차 세계대전 중에는 군사 목적으로 이용됐다.

않으니 그들 모두에게 신발을 팔 수 있다'는 식으로 발상을 전환했던 거야.

그렇게 해서 1968년 12월 21일 우리나라 최초의 고속도로인 경인고속도로(서울~수원)가 개통됐고, 2년 뒤인 1970년 7월 경부고속도로(서울~부산)가 개통되면서 전국은 일일생활권이 됐지. 이후 1973년 11월 호남고속도로(천안~순천)와 남해고속도로(순천~부산), 1984년 6월 소백산맥을 동서로 관통하는 88올림픽고속도로(대구~광주) 등이 차례차례 모습을 드러냈어.

결과적으로는 박 대통령의 판단이 옳았어. 고속도로 건설과 더불어 자동차의 수요와 생산이 급증하면서 고용 비율이 커진 데다 부품, 연료, 운수, 판매 등 자동차 관련 산업은 물론 철강, 전자 등 후방 산업도 함께 발전했으니까. 이것이 우리 경제에 미친 영향은 매우 컸고, 훗날 '한국 경제를 뒤흔든 20대 사건' 중 하나로 꼽히게 됐지.

그런데 선우야, 바로 여기에 우리나라 자동차 산업 역사와 관련된 중요 포인트가 있어. 고속도로 건설을 전후로 한 1960~70년대는 정부가 자동차 산업 발전을 위해 주도적으로 나섰다는 거야. 물론 그 과정에서 외환위기*와 제1차 석유파동* 등으로 인해 어쩔 수 없이 산업 억제 정책을 펴기도 했지만 말이야. 아무튼 중요한 건, 이 시기 정부가 우리 자동차 산업을 좌지우지했다는 사실이야.

* 외환위기 경상수지(국제 경상 거래에 의한 수지. 기업의 경우 통상적인 영업활동을 통해 발생하는 수입과 지출의 차액) 적자가 확대되고, 단기 유동성 외환이 부족해지는 등 대외 거래에 필요한 외환을 확보하지 못해 국가 경제가 치명적인 타격을 입는 현상. '통화위기(currency crisis)'라고도 하고, 포괄적 의미로는 '경제위기'라 한다.

* 제1차 석유파동 1973년 10월 6일부터 시작된 중동전쟁(아랍-이스라엘 분쟁)이 아랍 산유국의 석유 무기화 정책으로 그달 17일부터 석유전쟁으로 비화되면서 석유의 공급이 부족해지고 가격이 폭등해 세계 경제가 제2차 세계대전 이후 가장 심각한 불황과 혼란과 어려움을 겪은 일. 이 결과 선진국과 후진국을 막론하고 전 세계적으로 경제 성장이 둔화됐다. '유류파동' 또는 '오일쇼크'라고도 불린다.

정부는 **자동차 산업 발전**을 위해 **어떤 정책**을 펼쳤어요?

1960년대 초 우리나라는 6 · 25전쟁 후 있었던 해외 원조가 급격히 줄어들어 경제 불황을 겪었어. 1960년 4 · 19혁명과 1961년 5 · 16 군사정변 등이 일어나 정치적 혼란도 심각했지. 그래서 여러 분야의 산업들이 하나같이 힘을 잃었는데, 특히 당시 자동차 산업은 목표도 없이 과거 방식 그대로 수공업적 조립만 되풀이하는, 한마디로 표류 상태였어. 게다가 이전까지 자동차는 설계도도 없이 주먹구구식으로 만든 재생조립 차인 데다 그마저도 낡아 교통사고가 빈번해졌지. 노후 차량 해결이 사회 문제로 제기되기까지 했어.

이런 문제들을 해결하기 위해 정부는 '경제개발5개년계획'*의 일환으로 1962년 4월 '자동차공업5개년계획'을 추진했어. 자동차 산업 육성이 경제를 다시 일으키는 데 절대적으로 필요하다는 사실을 인식했던 거지. 자동차공업5개년계획의 가장 큰 목적은 소형 승용차부터 중대형 버스 및 트럭까지 각종 차량을 완전 국산화해서 자동차의 수요와 공급을 원활히 하는 거였어. 그리고 이걸 법적으로 뒷받침하기 위해 1962년 5월 31일 '자동차공업보호법'을 제정하고 한 달쯤 뒤인 6월 26일에는 시행령을 발표했지. 자동차공업보호법은 자동차 산업의 보호와 육성을 목적으로 정부가 만든 최초의 법이야. 이후 '일원화 방안', '계열화 방안', '삼원화 방침'이 차례로 마련되며 자동차 관련 제도는 진화를 거듭했어. 1967년 3월에 만들어진 '기계공업진흥법'을 통해서는 당시 수입대체산업이었던 자동차 산업이 기계공업 육성 자금을 지원받아 국산화율을 높이고 본격적인 전문 계열화를 추진하도록 하는 밑거름을 만들기도 했고 말이야. 1969년 12월에는 '자동차공업육성기본계획'을 발표했는데, 애초 계획보다 국산화가 늦어지자 정부에서 내놓은 더 엄격한 조치였어. 일명 '국산

* **경제개발5개년계획** 국민 경제를 계획적으로 발전시키기 위해 1962년부터 1981년까지 정부가 5년 단위로 시행한 경제 계획. 외국 자본을 적극적으로 도입해 공업화를 추진하면 '자립 경제'와 '조국 근대화'를 이룰 수 있다는 서구 근대화론에 바탕을 두고, 정부 주도하에 외자 도입 및 수출, 저임금, 저곡가 정책을 추진했다.

화3개년계획'이라고도 하지.

자동차공업5개년계획의 구체적인 내용은 1년에 3천 대를 생산할 수 있는 소형차 조립공장, 중대형차 조립공장, 중대형차용 디젤엔진공장을 근대화식으로 각각 하나씩 짓고, 초기에는 해외 선진 업체에서 KD* 부품을 도입하다가 연차적으로 부품의 국산화를 추진해 5년 후에는 완전 국산화를 이룩한다는 거였어. 이 계획에 따라 소형차 조립공장은 새나라자동차가, 중대형차 조립공장은 시발자동차가, 디젤엔진공장은 조선기계제작소(1963년 '한국기계공업'으로 상호 변경)가 건설하기로 했지. 이와 별도로 정부는 군용차 전문 생산공장 건설도 추진했는데, 아시아자동차에게 이 일을 맡기되 국군 납품과 UN군 수출에만 국한해 국내 조립업체들과의 경쟁은 피하도록 했어.

자동차공업보호법은 정부의 이런 계획 과정에서 나온 거야. 소규모 조립공장들이 우후죽순으로 들어서는 걸 막고 외국산 자동차 및 부품 수입을 제한해

* KD(Knock Down) 완성품이 아닌 부품을 들여와 수입국 현지에서 직접 조립 및 판매하는 방식. 수입국의 국산 부품을 일부 끼워 넣는 'SKD(Semi Knock Down)'와 모든 부품을 수입품으로 사용하는 'CKD(Complete Knock Down)' 두 가지 방식이 있다.

서 정부가 허가한 업체들을 보호하기 위한 거였지. 정부 허가 업체들에 한해서는 완성차와 부품의 관세를 일정 기간 면제해줬고, 자동차세와 취득세도 감면해줬어.

그런데 시간이 흐르자 이런 특혜들이 오히려 자동차 산업 성장의 발목을 잡았어. 특히 부품 산업 발전이 타격을 입었지. 국산화 전략의 방법으로 '수입 부품과 품질은 같되 가격은 동일하거나 그보다 저렴할 것'을 조건으로 내걸었기 때문이야. 생각해봐. 품질의 우수성을 이미 검증받은 수입 부품들과 대적하려면 그만큼의 기술을 갖추기 위한 자본이 필요하고, 다행히 품질 수준을 맞췄더라도 세금이 면제된 수입 부품과는 가격경쟁력에서 이미 상대가 되지 않겠지? 그래서 혜택을 받지 못한 다른 업체들이 반발했고, 결국 자동차공업보호법은 제정 5년여 만인 1967년 12월 31일 폐지되고 말았어. 여기서 말한 다른 업체들이란 정부가 자동차공업5개년계획을 추진하면서 처음 허가한 곳 외에 추가로 잠정한 8개의 중고차 조립공장들이야. 각종 차가 완전 국산화되어 생산될 때까지는 아무래도 시간이 걸리고, 그 기간 동안 국내 자동차 수요를 충당해야 했거든.

자동차공업보호법 폐지에서 드러난 것처럼 정부의 초기 자동차 산업 육성 정책은 당시로선 획기적인 계획이었지만, 사실상 성과는 크지 않았어. 자동차공업5개년계획의 두 축으로서 소형차 생산을 맡은 새나라자동차와 중대형차 생산을 맡은 시발자동차가 제 역할을 못 했거든. 계획대로 추진되고 있던 건 디젤엔진공장뿐이었지.

우선 새나라자동차는 앞서 말한 면세 특혜로 사회적 의혹을 낳았어. 사실 당초 자동차공업5개년계획에는 소형차 항목이 없었대. 중대형차 조립공장과 디젤엔진공장만 있었지. 시발자동차가 이미 소형차를 생산하고 있었고, 앞으로도 계속할 거라 기대했기 때문에 신규 사업으로 넣지 않은 거였어. 그런데 어느 날 갑자기 새나라자동차가 정부를 등에 업고 등장한 거야. 소형차 생산에서 물러나야 했던 시발자동차는 중대형차 생산 쪽으로 방향을 전환할 수밖에 없었지.

새나라자동차는 일본의 닛산과 시설 차관 및 기술 제휴 계약을 맺고, 닛산의 '블루버드'를 완성차로 면세 수입한 후 조립공장이 완공되면 근현대적 SKD 조립생산을 시작한 다음, 차차 국산화를 실행해나간다는 계획을 내걸었어. 이에 1961년 12월 경기도 부평에 국내 최초의 현대식 승용차 제조공장을 세웠지. 여기서 탄생한 게 바로 '시발'을 제치고 우리나라 자동차 산업의 현대화를 개척한 '새나라'야. 새나라는 앙증맞고 예쁘장한 모양 덕분에 '양장 미인차'라 불리며 당시 폭발적 인기를 얻었지. 그런데 외환 사정 악화로 부품 수입에 어려움을 겪자 1962년 11월 생산 시작 후 1년도 안 된 1963년 7월 결국 조업을 중단하고 말았어. 정부의 애초 계획이었던 연산 3천 대에 못 미치는 2,773대만 생산한 상태로 막대한 외화만 낭비한 게 됐지. 더구나 SKD 조립생산 단계에서 중단됐기 때문에 국내 부품 산업 발전에 기여하지도 못했을뿐더러 완성차로 들여왔던 블루버드가 택시로 사용되면서 시발자동차도 함께 몰락시킨 꼴이 됐어.

한편 화려하게 등장했다가 쇠퇴의 길을 걷게 된 시발자동차는 뜻하지 않은 악재에도 불구하고 버스와 트럭 등 중대형차 생산을 위해 이스즈모터스(상업용 트럭과 디젤엔진을 주력 생산하는 일본의 자동차 기업)와 기술 협약을 맺고, 경기도 부천에 공장 부지를 마련했어. 하지만 160만 달러라는 어마어마한 외자 도입에 차질이 생기는 바람에 계획 추진이 무산됐지.

• 새나라자동차 공장의 작업 모습. 우리나라 최초의 현대식 조립 라인이 설치됐다.

• 새나라자동차의 '새나라'. 우리나라 자동차 산업의 현대화를 개척했다.

자동차공업5개년계획에 따라 비교적 순조롭게 추진되고 있던 사업은 디젤엔진공장뿐이었어. 결과적으로 우리 정부가 야심차게 시작한 첫 번째 자동차 산업 육성 정책은 부분적인 제도 개선을 거듭하는 가운데 조업이 중단된 새나라자동차 공장만 남겼지.

정부의 계획과 정책이 성공적이지 못했다니 안타깝네요.

안타깝긴 해도, 그리 나쁘게만 볼 일은 아니야. 모든 일은 처음에 시행착오를 겪게 마련이잖아. 시간이 좀 걸린다 뿐이지 그 과정에서 조금씩 발전해나간다는 건 틀림없는 사실이니까. 우리나라 자동차 산업과 그 정책도 물론 예외는 아니야. 기반이 미미한 상태에서 처음 시도하는 대대적 국가 육성 산업이었으니 시행착오는 어찌 보면 당연한 수순이었지.

일이 계획과 다르게 진행되자 정부는 기존 자동차공업5개년계획을 대폭 수정해 1963년 12월 '일원화 방안'을 내놨어. 문자 그대로 국내 자동차 조립업체를 모두 통합한다는 계획이야. 핵심 축으로 맡겨진 건 소형차 조립공장, 중대형차 조립공장, 디젤엔진공장 중 비교적 계획대로 추진되고 있던 한국기계공업(옛 '조선기계제작소')의 디젤엔진공장이었어. 그리고 이곳을 중심으로 조업 중단 상태였던 새나라자동차와 자동차공업보호법 덕분에 추가로 허가받았던 8개의 잠정 조립공장, 군납 자동차 전문 생산공장으로 조건부 허가를 받은 아시아자동차까지 모두 하나로 묶기로 한 거야. 각 차종의 조립을 하나의 공장으로 몰아 일관성 있게 제조하도록 하고, 이로써 규모의 경제(각종 생산 요소의 투입량을 증가시킴으로써 이익이 증가되는 현상) 효과를 거둠과 동시에 부품의 국산화를 한층 밀도 있게, 효율적으로 추진하려는 게 정부의 주요 목적이었지.

하지만 이 계획은 제대로 추진해보지도 못하고 발표 8개월 만인 1964년 8월

폐지됐어. 그도 그럴 것이, 기존 잠정 조립공장들이 정부의 급작스러운 허가 취소에 강하게 반발하고 나섰고, 여러 업체를 통폐합하는 과정에서 여러 가지 법적 문제가 발생했거든. 그리고 선우야, 상식적으로 생각해봐도 이 정책은 다소 일차원적이고 억지스럽지 않니? 승용차, 버스, 트럭, 군용차 등은 모양과 용도가 다른 만큼 구조와 주요 부품도 조금씩 다른데, 이걸 한 공장에서 일관된 방식으로 제조하도록 했으니 말이야. 하나만 알고 둘은 모르는 경우였다고나 할까.

대신 정부는 일원화 방안을 폐지하면서 그것의 문제점을 현실적으로 보완한

용도별 자동차 종류

종류	유형	세부기준
승용차	일반형	문이 2~4개 있고, 앞뒤로 2~3열의 좌석을 구비한 유선형인 것.
	승용 겸 화물형	차실 안에 화물을 적재하도록 장치된 것.
	다목적형	프레임형이거나 사륜구동장치 또는 차동 제한 장치를 갖추는 등 험로 운행이 용이한 구조로 설계된 자동차로서 일반형 및 승용 겸 화물형이 아닌 것.
	기타형	위 어느 형에도 속하지 않는 승용 자동차인 것.
승합차	일반형	주목적이 여객운송용인 것.
	특수형	특정 용도(장의, 헌혈, 구급, 보도, 캠핑 등)를 가진 것.
화물차	일반형	보통의 화물운송용인 것.
	덤프형	적재함을 원동기의 힘으로 기울여 적재물을 중력에 의해 쉽게 미끄러뜨리는 구조의 화물운송용인 것.
	밴형	지붕 구조의 덮개가 있는 화물운송용인 것.
	특수용도형	특정 용도를 위해 특수 구조로 하거나 기구를 장치한 것으로 위 어느 형에도 속하지 않는 화물운송용인 것.
특수차	견인형	피견인차의 견인을 전용으로 하는 구조인 것.
	구난형	고장 또는 사고 등으로 운행이 곤란한 자동차를 구난 또는 견인할 수 있는 구조인 것.
	특수작업형	위 어느 형에도 속하지 않는 특수 작업용인 것.
이륜차	일반형	자전거에서 진화한 구조로 사람 또는 소량의 화물을 운송하기 위한 것.
	특수형	경주, 오락 또는 운전을 즐기기 위한 경쾌한 구조인 것.
	기타형	3륜 이상이며 최대 적재량이 100kg 이하인 것.

국토교통부령 자동차관계법 시행규칙 2조 '자동차 종별 구분'

대안책으로 '계열화 방안'을 마련했어. '계열화'란 생산, 유통, 자본 등의 분야에서 밀접한 관계가 있는 기업들끼리 결합적이고 종속적인 연관을 맺는 걸 말해. '모회사'와 '자회사'라는 말 들어봤지? 쉽게 말해 그런 관계를 만드는 거지. 즉, 계열화 방안은 가동 중이던 자동차 제조공장을 중심으로 당시 한국자동차공업협동조합 산하의 75개 부품업체를 계열화시켜 하나의 조립 라인으로 자동차를 생산한다는 게 핵심이었어. 특히 부품업계로부터 환영을 받았는데, 부품업계에 대한 배려가 없어 체계적인 국산화 추진이 불가능했던 이전까지의 자동차 산업 정책과 달리 부품공업의 성장이 가능해졌거든. 아무튼 이 계열화 방안으로 모기업에 선정된 곳은 신진공업이었어. 아빠가 전에 얘기한 마이크로버스, 기억나니? 시발자동차가 19인승으로 만들었던 걸 25인승으로 규격 생산했던 곳. 그래, 바로 그곳이야.

신진공업은 계열화 방안의 모기업으로 선정된 후 1965년 부평에 있던 새나라자동차의 공장을 흡수 통합해 당시 국내 유일의 종합 조립공장을 마련하고 '신진자동차공업주식회사'로 이름을 바꿨어. 그리고 이듬해 1월 일본의 토요타와 자본재 도입 및 기술 제휴 계약을 맺고, 5월부터 세단형 승용차인 '코로나'의 KD 조립생산을 시작했지. 코로나는 도로 사정에 적합하다는 평을 받으며 인기를 끌었어. 때마침 1960년대 중반부터 외환 사정이 조금 나아져 KD 부품 수입이 비교적 원활했고, 계열화 방안에 따른 정부의 지원과 오랜만의 차량 수요 증대로 신진은 더욱 크게 힘을 받았지. 그 덕분에 1960년대 후반까지 자동차 생산에 관한 한 독점적인 지위를 누렸어.

• 신진자동차공업주식회사의 '코로나'

그런데 선우야, 혹시 여기서 뭔가 잘못된 점을 짚어낼 수 있겠니? 그래, '독점적 지위'라는 게 걸리지? 실제로 신진은 독점적 지위를 이용해 KD 부품 도입에 열을 올렸고, 모델 변경을 너무 자주 한 데다, 그마저도 국민 소득 수준이 따라갈 수 없는 배기량 높은 대형 승용차여서 당시 자동차 수요를 충족하지 못했어. 무엇보다 계열화 방안으로 기대했던 부품의 국산화를 이루지 못했지. 신진의 승용차 국산화율은 1966년 21%, 1967년 23.6%에 불과했어. 당시 버스의 국산화율이 64%였으니까 얼마나 실망스러운 결과였을지 짐작이 되지? 물론 버스는 부품이 아닌 차체가 국산이었기 때문에 이것이 국산화율을 높이는 데 크게 기여한 건 맞지만, 이 점을 감안하더라도 신진이 내놓은 결과가 기대에 한참 못 미쳤다는 사실에는 변함이 없어. 그런데도 신진은 국산화를 위한 노력을 보이지 않았고, 결국 계열화 방안 역시 실패로 돌아갔지.

일이 이렇게 되자 정부는 신진의 독점을 막고 국산화를 더욱 촉진하기 위해 1967년 1월 '삼원화 방침'을 내놓았어. 이미 허가받은 상태였던 신진자동차와 아시아자동차를 포함, 현대자동차를 신규 제조업체로 추가하고 더 이상의 공장 건설은 불허하기로 결정했지.

하지만 그로부터 1년이 훌쩍 지난 1968년 10월까지도 국산화가 지지부진하자 박정희 대통령은 더 엄격한 조건을 만들라는 특별 지시를 내렸고, 정부는 국산화를 위한 그동안의 계획들을 전면 재검토했어. 그 결과 1969년 12월 '자동차공업육성기본계획', 일명 '국산화3개년계획'이 수립됐지. 골자는 기존의 다품종 소량 생산을 지양하고 몇 가지 기본 모델을 단일화 양산해 국산화에 좀 더 집중하겠다는 거였어. 이를 위해 조립공장과 부품공장을 완전 분리하되, 조립공장은 기존 삼원화 체제를 유지하고, 부품공장은 품목별로 일원화해 수평 계열화를 꾀했지. 특히 핵심 부품의 국산화를 위해 엔진 주물공장과 차체 제작 프레스공장 건설 및 변속기, 액셀러레이터 등의 국내 생산을 추진했어. 이 시기 부품 산업 발전과 엔진 개발 관련해서는 나중에 따로 자세히 설명해줄게.

그런데 이처럼 강력하고 적극적인 정부의 국산화 의지와 각종 정책에도 불구하고 1970년대 초까지는 뚜렷한 성과를 거두지 못했어. 관련 정책은 이후에도 수차례 개선을 거듭했지. 참고로 이 과정에서 정책적 금융을 통한 정부의 기업 통제력이 강화되고, 그로 인해 기업의 정부 의존도가 점차 심화되면서 정부와 기업 사이의 유착 관계가 형성됐는데, 이는 1970년대 우리나라 자동차 산업을 발전시키는 데 중요한 배경으로 작용하게 돼.

자동차에 밀려 사라진 서울의 전차

1899년부터 서울 시민들의 발이 되어 대중교통수단 역할을 톡톡히 했던 전차가 1968년 12월, 70년간의 역사를 뒤로하고 완전히 자취를 감췄다. 가장 많이 운행될 때는 하루 190대로 50만 명까지 태워 다녔지만, 자동차의 홍수와 전철에 밀려 어쩔 수 없이 사라진 것이다. 하지만 이후 지하철로 변신, 지금은 서울의 땅속을 누비고 있다.

정부가 **국산화 정책**에만 **너무 몰두**했던 게 아니었을까요?

1970년대 초까지만 해도 그랬다고 볼 수 있어. 앞서 쭉 얘기했다시피 당시 정부의 정책은 최단 시간 내에 국산화를 이루는 데만 초점을 맞추고 있었으니까. 그나마의 정책도 수시로 바뀌어 일관성 있는 단계적 발전이 사실상 불가능했지. 게다가 당시 자동차 산업은 이것 말고도 여러 가지 문제점을 안고 있었어. 산업의 역사가 짧은 만큼 기술 수준이 낮았음에도 발전을 위한 투자 자본은 부족했고, 그 때문에 KD 조립생산을 할 수밖에 없었는데, 조립생산 모델이 자주 바뀌면서 생산 체제가 변경되거나 생산 자체가 중단되는 일이 빈번했지. 소량 생산이 불가피했고, 이로 인해 자동차의 원가 상승과 수요 불만족이 나타났어. 국민 소득 수준이 낮아 국내 자동차 시장이 협소했는데도 그 수요를 충당하지 못했지. 이 문제는 다시 업계의 자금 부족으로 이어졌고 말이야. 한마디로 악순환의 연속이었어. 하루 빨리 이 악순환의 고리를 끊어야만 했지.

그러다 1973년, 마침내 이전의 자동차 관련 정책들과는 맥락을 달리하는 획기적인 계획이 수립됐어. '장기자동차공업진흥계획'이 바로 그거야. 핵심 내용은 소형차의 고유 모델을 개발해 우리나라 자동차 산업을 중화학공업(1973년 1월 박정희 대통령이 제3차 경제개발5개년계획의 일환으로 중화학공업 정책을 선언했어)의 전략 사업 중 하나로 발전시키고, 더 나아가 수출 산업으로 육성하겠다는 것! 이전까지 국산화에만 매달렸던 것에 비하면 훨씬 거시적이고 창의적인 발상의 전환이었다고 볼 수 있지. 물론 당시로서는 위험하고 무모하며 불가능한 발상이라는 시각이 지배적이었지만 말이야.

그렇다고 정부가 국산화 계획을 포기한 건 아니었기 때문에 장기자동차공업진흥계획(다음부턴 '진흥계획'이라고 할게) 발표 이후 자동차업체들은 전략상 두 부류로 나뉘었어. 기존처럼 국산화율 높이기에 더욱 중점을 둔 곳이 있었는가 하면, 진흥계획에 따라 고유 모델 개발을 착수한 곳도 있었지. 이 과정에서 우리나라 자동차 산업 발전사 가운데 중요한 의미를 가지는 제품들이 출시됐는데, 국산화율을 대폭 높인 기아산업 최초의 승용차 '브리사' 그리고 국내 첫 고유 모델인 현대자동차의 '포니'가 바로 그 주인공들이야.

라틴어로 '산들바람(brisa)'이라는 뜻의 '브리사'는 일본 동양공업(현재의 '마쓰다자동차')에서 도입해온 모델 '파밀리아'에 국산 부품을 장착해 국산화율을 63%까지 달성한 소형 승용차로 1974년 10월에 출시됐어. 우리나라 기술로는 처음 개발하고 만든 가솔린엔진을 비롯해 추진축과 클러치 등을 국산 제품으로 사용했지. 1979년에는 국산화율이 92%까지 올라갔어. 이에 브리사는 단순 조립 생산에서 탈피한 '애국 자동차'로 인식됐고, 고속도로 개통과 더불어 가파른 판매 성장세를 보이며 '국민차 브리사 시대'를 열었지.

기아가 이 같은 성과를 낼 수 있었던 건 탄탄한 생산 시스템 덕분이었어. 1965년 처음으로 가솔린엔진공장 건설을 허가받았고, 1973년에는 엔진, 차체, 프레스, 도장, 조립 등 단위 공장을 한자리에 모은 종합 자동차 공장까지 준공해 국내 최초로 일관 공정 시스템을 갖췄거든. 대규모 컨베이어 시스템도 자동차업체 중

기아산업, 국내 최초로 국산 자전거와 삼륜 트럭을 만들다

• 기아산업의 'T-600'

기아산업의 전신은 1944년 12월에 설립된 '경성정공'이다. 일본에서 자전거 생산 기술을 배우고 돌아온 김철호 회장이 자전거 부품 생산을 위해 회사를 세웠고, 1952년 3월 부산에서 피난하던 중 우리나라 최초의 국산 자전거 '3000리호'를 만들면서 회사명을 '기아산업'으로 바꿨다. 이후 기아산업은 1961년 자전거에 원동기를 붙여 오토바이를 생산했으며, 1962년에는 일본의 동양공업(두 회사는 삼륜 트럭 등을 만들다가 승용차 제조회사로 발전했다는 공통점이 있다)과 기술 제휴를 맺어 국내 최초의 삼륜 트럭 '기아마스타K-360'을 출시했다. 이어 몇 종의 삼륜 트럭을 더 출시했는데, 그중 'T-600'은 자동차 산업에서의 기술사적 가치가 높아 2008년 8월 문화체육관광부가 '등록문화제 제400호'로 지정했다.

제일 먼저 도입했어.

한편 '포니'는 현대자동차가 겪은 여러 가지 어려움 그리고 주변의 부정적인 시선과 우려들을 이겨내고 탄생한 '국산 고유 모델 1호차'라는 명예를 갖고 있어. 이로써 우리나라는 세계에서 아홉 번째, 아시아에서 일본 다음 두 번째로 고유 모델 자동차를 생산하는 나라가 됐지.

• 도입 모델에 국산 부품을 장착해 처음으로 국산화율을 대폭 높인 기아의 '브리사'

• 최초의 국산 고유 모델, 현대의 '포니'

사실 포니의 탄생은 현대자동차에게는 전화위복이 된 사건이었어. 당시 현대는 국산화3개년계획의 일환으로 추진된 엔진 주물공장 건설을 위해 미국의 포드와 합작회사 설립을 진행하고 있었는데, 두 회사의 대립된 의견이 좁혀지지 않은 상태에서 정부마저 공장 건설 인가를 취소하는 바람에 계획이 완전 무산돼버렸지. 게다가 그 무렵 기아가 일관 공정 시스템을 갖춘 자동차 공장을 건립했고, 신진자동차는 미국의 GM과 합작해 GM코리아로 새롭게 나타나 현대의 존재를 위협했어. 한마디로 진퇴양난이었지.

그런데 현대는 이 같은 일련의 일들을 보고 겪으면서 깨닫는 바가 많았어. 당시 현대자동차를 이끌던 정세영 사장은 위험부담이 따르더라도 기존 전략을 대폭 전환 수정하기로 결정하고, 1974년부터 '국산 고유 모델 개발'이라는 새로운 전략을 추진하기 시작했지. 1967년에 설립된 현대자동차보다 먼저 자동차 사업을 시작한 기아나 GM코리아 등은 감히 엄두도 못 낸 이 일을, 정 사장은 독자적인 기술 기반이 없으면 세계 자동차 시장에서 절대 살아남을 수 없다는 확신을 갖고 밀어붙였어.

하지만 회사 간부들과 직원들은 하나같이 반대했어. 그도 그럴 것이, 10만 대 생산 규모를 기준으로 예를 들 때 자동차 1대를 고유 모델로 개발할 경우 R&D* 개발비가 대당 90만 원 정도라면, 도입 모델을 적용할 경우 8만 원이면 충분했거든. 비단 비용 문제뿐 아니라 고유 모델 개발이라는 일 자체가 어려우니 모두 말리고 나섰던 거야. 정 사장은 회사 사람들을 설득하는 일부터 주요 기술을 도입하는 일까지 직접 발 벗고 나섰어. 나중에 '포니 정'이라는 별명까지 얻은 걸 보면 그가 얼마나 열정적으로 이 일을 추진했는지 짐작할 수 있지.

현대는 이탈리아, 영국, 일본에 있는 유명 자동차 관련 업체들을 찾아다니며 고유 모델 개발에 필요한 기술들을 습득하고 협력관계를 맺어나갔는데, 그 결과 차체 디자인과 스타일링은 이탈리아의 자동차 디자인회사 '이탈디자인주지아로', 소형 디젤엔진은 영국의 '퍼킨스', 가솔린엔진과 변속기, 차축 등 섀시* 기술은 일본의 '미쓰비시자동차'에게 도움을 받으며 손을 잡았어. 그리고 자동차 제조공장 책임자로는 영국의 자동차그룹 'BLMC'에서 부사장을 역임했던 조지 턴불을 선임했지. 이 과정에서 현대는 당장의 고유 모델 개발에만 시선을 고정하지 않고, 훗날 디자인 및 차체 설계 부문에서의 기술 자립을 위해 회사 인력들을 해당 국가로 보내 기술 연수를 받도록 했어. 이런 노력은 이후 현대의 신제품 개발에 중요한 자산이 되었음은 물론 우리나라 자동차 산업의 기술 자립을 이룩하는 데 초석이 됐지.

포니는 1974년 6월에 완성된 후 그해 9월 공모를 통해 '조랑말(pony)'이라는 뜻의 이름을 얻었어. 그리고 같은 해 10월 30일부터 11월 10일까지 이탈리아에서 열린 토리노국제자동차박람회의 국제 모터쇼에 출품했는데, 전문가들로부터 '차체 스타일, 성능, 경제성 등이 뛰어나고, 특히 앞쪽 시트의 조절

* R&D(Research and Development) 기업에서 기초 및 응용 '연구'를 기초로 상품을 '개발'하는 활동.

* 섀시 보닛, 문, 트렁크 등 자동차의 외형을 제외한 나머지 부분. 프레임(자동차의 뼈대. 차의 골격을 이루고 외부에서 전달받은 힘을 지지함), 동력발생장치(엔진), 동력전달장치, 조향장치(핸들), 제동장치(브레이크), 현가장치(또는 서스펜션. 차받침 프레임에 바퀴를 고정해 노면의 진동이 차체에 직접 닿지 않도록 하는 완충장치) 등으로 이루어져 있다. 차가 달리는 데 필요한 최소한의 기계장치가 설치되므로 섀시만 있어도 주행이 가능하다.

장치, 전기식 앞 유리 세척 장치, 후진등 등의 설계가 잘되어 있다'는 평가를 받았어. 참고로 토리노 국제 모터쇼는 세계 각국의 우수한 자동차 브랜드들이 매년 참가해 다음 해에 생산할 모델을 출품하고 그 성능을 겨루는 자리야. 여기서 호평을 받았으니 어렵게 포니를 완성한 현대가 힘을 얻은 건 당연했겠지? 1975년 12월, 포니는 드디어 우리 대중 앞에 본격적으로 모습을 보였고, 이후 오랫동안 꾸준한 인기를 누렸어.

포니, 국내 최초로 라디오를 기본 옵션에 넣다

자동차 라디오가 우리나라에 처음 등장한 것은 1931년이다. 일제강점기에 금광업으로 성공한 최창학이 구입한 미국산 '뷰익' 자동차에 달려 있었던 것이다. 그러나 당시 유일한 방송국이었던 경성방송국의 주파수와 맞지 않았고, 안테나도 옥상의 텔레비전 안테나처럼 높다랗게 얼기설기 얽혀 있는 형태라 전깃줄에 걸려 부러지기 일쑤였다. 이것을 본 종로택시 사장이 이듬해 일본에서 영업용 포드 택시를 들여오면서 경성방송국 주파수와 맞춘 라디오를 달았고, 이 택시는 꽤 인기를 끌었다. 이후 상류층들이 자가용에 라디오를 달기 시작했지만 워낙 귀하고 비싸서 그 수는 아주 적었다. 광복 직후에는 미군의 고급 장교들이 라디오가 달린 세단을 많이 타고 다녔다. 라디오를 장착한 최초의 국산 차는 '새나라'지만 선택 옵션이었다. 기본 옵션으로 라디오를 장착한 최초의 국산 차는 1975년에 출시된 '포니'다.

포니가 이룩한 성과와 영향력은 국내에만 머물지 않았어. 우선 포니 덕분에 우리나라는 세계에서 열여섯 번째 자동차 생산국이 됐고, 1976년에는 수출까지 했거든. 특히 포니 수출은 고속도로 개통과 더불어 '한국 경제를 뒤흔든 20대 사건' 중 하나로 꼽힐 만큼 중요하고 의미 있는 일이야. 왜냐하면 포니를 수출하면서 당시 우리에겐 황무지였던 해외시장 진출이 본격화됐으니까.

그럼 **'포니'**가 우리나라에서 **수출**한 **첫 번째 자동차**예요?

그렇진 않아. 아까 아빠가 한 말을 다시 한 번 되짚어봐. 포니의 수출로 해외시장 진출이 '본격화'됐다고 했잖아.

사실상 우리나라에서 자동차 수출이 처음 이뤄진 건 1966년 가을이었어. 동남아시아 보르네오섬 서북 해안에 있는 토후국 브루나이로 버스 1대가 건너갔지. 놀랍지 않니? 앞에서 한참 얘기했다시피 이때는 국산화를 목표로 정부와 기업이 함께 우왕좌왕, 고군분투하고 있었고 수출은 훨씬 먼 미래에나 가능할 법한 꿈이었는데 말이야. 더 놀라운 건 정부 차원에서 추진된 일이 아니라, 자동차업체 관계자가 독자적으로 계획한 일이었다는 거야. 그것도 기존에 만들던 방식 말고 수출을 목적으로 새롭게 제작한 자동차를 가지고서.

이 엄청난 일을 해낸 곳은 하동환자동차공업주식회사('쌍용자동차'의 전신)야. 6 · 25전쟁 이후 모든 자동차업체가 그랬듯 군용 폐차의 부속품들을 재활용하고 쇠망치로 드럼통을 두드려 펴서 버스를 만들던 방식을 조금 발전시켜 디자인을 새롭게 하고 일본 닛산자동차에서 엔진 등 구동장치가 달린 섀시를 들여온 다음, 여기에 차체와 의자 같은 내외장품을 기존과 같이 직접 설계하고 만들어 조립했지. 이렇게 만든 하동환자동차공업의 첫 번째 수출 버스가 브루나이로 떠나던 날은 당시 교통부 장관이 직접 방문해 축하 테이프를 끊기도 했어.

• 1967년 하동환자동차의 버스가 베트남으로 수출되던 날

하동환자동차공업의 수출 실적은 단발에 그친 게 아니야. 이듬해 여름에는 무려 20대의 버스를 베트남에 보냈지. 우리 국군이 베트남 전쟁에 파병을 가 있었거든. 밤낮없이 한창 바쁘게 버스를 만드는 동안 박정희 대통령을 포함한 정부 고위급 인사들이 공장을 방문하기도 했대. 정부의 관심과 기대가 그만큼 컸다는 뜻이겠지. 베트남 현지에서도 열렬히 환영받았음은 물론이야. 당시 베트남 수상이 환영식에 직접 나와 하동환자동차의 버스를 맞이하고 수출을 축하했대.

그런데 하동환자동차공업의 버스 수출은 역사적 의미가 강하다고 보는 게 적합할 것 같아. 실질적 의미에서 '국산 자동차 수출'이라는 꿈을 실현시킨 건 1975년 9월 기아산업의 '브리사 픽업'이었어. 중동의 카타르로 10대가 수출됐

'버스왕' 하동환 

6·25전쟁 후 자신의 집 마당에 천막을 치고 자동차 정비를 하던 하동환은 쏟아져 나오는 미군의 폐트럭을 가지고 드럼통을 펴서 버스를 만들기 시작하다가 짜깁기 버스가 아닌 규격화된 버스를 만들기로 마음먹고 1954년 순수 버스 제작 공장인 '하동환자동차제작소'를 설립했다. 당시 전국 20여 곳에서 버스를 만들고 있었으나, 모양이 제각각이었기 때문이다. 무게가 가볍고 모양도 규격화된 버스를 만드는 데 성공한 그는 1960년대 '하동환 보디(차체)'로 국내 버스업계를 주름잡았을 뿐 아니라, 우리나라 최초로 수출까지 성공했다. 이후 1962년 정부의 자동차 조립공장 정리 계획에 따라 잠정 조립공장으로 선정된 하동환자동차제작소는 사업을 좀 더 본격적으로 확장하기 위해 보성자동차공업사와 합병한 후 근대식 공장을 세우고 '하동환자동차공업주식회사'로 회사명을 바꿨다. 사업은 날로 발전했고, 서울시가 1965년부터 좌석버스 운행을 시작하면서부터는 주문량의 90%를 받아내 당시 서울 시내를 누비는 버스는 온통 하동환버스였다.

지. 수출 금액은 총 1만 4,800달러로 아주 적었지만, 하동환자동차공업의 버스 수출 이후 근 10년간 전무하던 자동차 수출의 포문을 다시 연 기아의 첫 수출이었다는 점에서 의미가 커.

현대의 포니가 수출에 성공한 건 그 다음 해인 1976년 7월이었어. 포니 5대와 대형 버스 1대가 남아메리카 에콰도르로 보내졌지. 이로써 우리 자동차의 해외 시장 진출이 본격화됐는데, 1975년 31대에 그쳤던 우리나라 자동차 수출 규모가 1976년에는 무려 1,341대로 껑충 뛰어올랐다는 게 바로 그 증거야. 수출 대수는 해를 거듭할수록 늘어났지. 1977년에는 9,136대, 1978년에는 2만 6,337대, 1979년에는 무려 3만 1,486대를 기록했어. 이후 1983년까지는 수출 실적이 더 이상 오르지 않고 2만 대 선을 유지했는데, 그 기간 동안에는 1979년 수출량이 최고점이었던 셈이야.

포니의 수출량이 점점 늘어날 수 있었던 데는 마케팅 전략의 힘도 컸어. 당시 '1대 가격으로 2대를 가질 수 있다'는 내용의 파격적인 광고로 수출국에서 큰 관심을 끌며 인기를 누렸거든.

한편 국산 자동차의 초기 수출 대상 지역은 중동, 남아메리카, 아프리카 등 개발도상국이었어. 수출 경험이 없다는 이유도 있었지만, 무엇보다 선진국 시장에 진출하기에는 기술 수준이 많이 달렸고, 선진국들의 수입 규제도 까다로웠거든.

포니, 에콰도르에서 20년간 150만km 달리고 '멀쩡히' 귀향하다 

에콰도르로 처음 수출됐던 포니 중 1대가 그곳에서 택시로 무려 150만km를 달린 뒤 20년 만인 1996년 국내로 돌아왔다. 에콰도르의 택시회사 사장인 키에르고 카로가 현대에 기증해 들여오게 된 것인데, 차의 상태와 성능은 여전히 양호한 편이었다고 전해진다. 이 차가 주행한 150만km는 당시 국산 차로서는 최고 기록이었기 때문에 한국기네스협회에 '최장 주행 기록'으로 등재됐고, 이후 울산에 있는 현대자동차 문화회관에 영구 전시됐다.

그렇다고 우리 자동차업체들이 선진국 진출을 아예 포기했던 건 아니야. 규제가 비교적 덜 까다로운 서유럽 시장 진출을 차근차근 준비해나갔지. 그 결과 1978년 벨기에와 네덜란드 등 서유럽 시장으로 수출 시장이 확대됐고, 1983년에는 캐나다, 1986년에는 드디어 세계 최대 시장인 미국까지 진출했어. 1980년대 이후 자동차 수출에 대해서는 다음에 자세히 설명해줄게. 해줄 이야기가 많거든.

어쨌든 선우야, 우리는 충분히 자부심을 가져도 돼. 개발도상국으로서 자동차 산업 발전 수준이 미미하던 우리나라가 겁도 없이 국산 고유 모델 개발에 뛰어들었고, 결국 성공을 거둬 수출까지 본격화했다는 사실은 세계 자동차 산업 역사에서도 유례가 없는 일이거든. 너도 이야기를 들으면서 느꼈겠지만, 세계 자동차 산업 전문가들은 바로 이런 도전 정신이 한국 자동차 산업 발전의 크나큰 디딤돌이자 원동력이라고 입을 모았어.

자, 그러니 이다음에는 우리 자동차 산업이 어떤 분야에서 어떤 식으로 기술을 발전시켜나갔고 세계로 얼마나 더 넓게 뻗어나갔는지에 대해 이야기해줄게. 아빠는 생각만 해도 벌써 가슴이 뛴다.

오늘날의 자동차는 어떤 과정을 거쳐 탄생할까?

디자인

경쟁 차종의 스타일과 특징을 정밀 분석하고, 최근 모터쇼에서 발표된 자동차를 통해 유행을 파악한 후 주요 소비자의 취향, 예상 수요량 및 판매량 등 정보를 폭넓게 수집해 디자인 방향과 콘셉트를 결정한다. 디자인 방향은 크게 외장 설계, 내장 설계, 컬러 디자인으로 나뉘고, 이 과정들을 거치며 최종 모델을 확정한다.

기초 가공

- 주조 – 쇳붙이를 녹여 거푸집에 붓고 엔진, 기어 등 주요 부품에 들어가는 금속물을 만든다.
- 단조 – 압력이나 충격을 가해 금속 재료를 단련시킨다. 엔진 부품인 크랭크축, 등속 조인트, 뒤차축 등이 해당된다.
- 열처리 – 소재의 강도, 내구성, 정밀도를 높여 기계 가공을 쉽게 하는 과정이다. 기어류, 샤프트 등의 부품에 필요한 공정이다.

기계 가공

자동차 소재의 크기와 모양을 원하는 형태로 만든다. 주로 불필요한 부분을 제거하는 과정이다.

프레스 공정

자동차의 몸체를 만드는 첫 번째 단계다. 수백, 수천 톤의 프레스 기계가 압력을 이용해 철판을 적당한 크기와 형태로 자르고, 다른 부품을 장착할 수 있도록 구멍을 뚫는 등의 작업을 진행한다.

차체 조립 공정

프레스로 절단한 철판들을 조립해 자동차의 모양을 만든다. 1대에 보통 450여 개의 철판(프레스 가공품)이 필요하고 이것들을 고열로 용접하는데, 용접 수는 무려 약 6천 포인트에 달한다. 주로 용접 로봇이 이 과정을 진행한다. 주요 구성 요소는 보닛, 트렁크, 범퍼, 도어, 라디에이터 그릴 등이다.

도장 공정

자동차 표면에 도료를 칠한다. 녹이나 부식으로부터 철판을 보호하면서 아름다운 색을 구현해 미적 차별화를 이루는 것이 목적이다. 세부 공정 중간중간 건조 공정을 거친다.

- 전처리 공정 – 녹슮 방지 처리.
- 전착 공정 – 차체 부식 방지 처리. 외판 및 차체 내부까지 균일하게 도장한다.
- 실러 공정 – 차체와 패널이 겹치는 부분 등에 실러를 도포한다.
- 하도 공정 – 주행 시 소음과 진동을 줄이기 위해 차체 바닥, 도어 내부를 코팅한다.
- 중도 공정 – 상도 공정의 질을 높이기 위해 중간 칠을 한다.
- 상도 공정 – 표면감과 색채감을 모두 고려한 칠 작업. 자동차 외관의 품질을 결정한다.
- 마무리 공정 – 조립 공정 중 긁힘 등 상처가 생길 경우 칠을 부분적으로 보완하는 작업.

엔진 조립 공정

'자동차의 심장'을 만드는 과정이다. 전체 작업 공정 중 최다 부품이 조립되어 하나의 부품으로 완성되는데, 그 종류가 약 3천 종에 이른다. ① 소재 입고, ② 기계 가공, ③ 단품 조립, ④ 워싱, ⑤ 엔진 조립 총 5단계를 거친다.

자동차 조립 공정

① 도장 공정을 마친 차체에 각종 내장 부품, 대시보드 등을 조립하고 실내 바닥, 천장, 엔진룸 등에 전선을 연결한다.

② 유리를 끼운다.

③ 프레임, 동력발생 · 전달장치, 조향장치, 제동장치, 현가장치 등 주요 섀시 부품을 차례로 조립한다.

④ 미리 조립해둔 엔진과 변속기를 차체 엔진룸에 장착한다.

⑤ 배기장치(배기관, 소음기 등), 외장 부품(타이어, 범퍼, 전조등, 제동등, 사이드미러 등), 앞뒤 좌석의 내부 시트, 운전대 등을 차례로 조립해 공정을 마친다.

※ 오늘날은 부품의 모듈화로 과거에 비해 조립 공정이 많이 간소화됐다. 관련 내용은 7장에서 상세히 다룬다.

검사 공정

완성차 생산의 마지막 단계로 출고 전, 각종 시험을 통해 차의 성능을 테스트한다. 휠 얼라이먼트 검사, 헤드램프 조향 각도 조정, 엔진룸 검사, 미끌림 검사, 브레이크 검사, 배기가스량 점검, 각종 부품 장착 상태 확인 및 기능 검사 등이 대표적이다.

04

자생력 넘치는 우리 자동차, 국내는 너무 좁아요!

최초의 국산 고유 모델 '포니'로 초석을 다진 대한민국 자동차의 오늘날 브랜드 경쟁력은 우연한 결과가 아니다. 자동차 생산 후발 국가로서 국산화와 기술력 향상을 위한 노력을 꾸준히 해나가고, 열악한 내수 시장의 한계를 극복하기 위해 해외로 눈을 돌리는 등 영리한 전략을 펼친 덕분이었다. 아무것도 없던 폐허에서 꽃을 피우듯 전 세계에 이름을 떨친 대한민국 자동차들. 1980년대, 그 치열한 성장 이야기.

우리 자동차 산업이 쑥을 닮았다고요?

한가한 토요일 오후, 어제까지 중간고사를 치른 선우는 오랜만에 늘어지게 늦잠을 자고 일어나 거실 소파에 앉았다. 아빠가 TV 뉴스를 보고 계셨다. 일본 후쿠시마 원전에서 방사능이 유출됐다는 내용이었다.

"저런 뉴스 볼 때마다 느끼는 건데, 일본은 참 얄미워요. 그런데 한편으로 생각하면 참 운이 없는 나라라는 생각도 들어요. 제2차 세계대전 때도 두 번이나 원자폭탄을 맞아 온 나라가 초토화됐잖아요."

"오~ 우리 선우, 공부 좀 했나 본데?"

심각한 표정으로 뉴스를 보던 아빠가 기특하다는 듯 웃으며 말씀하시자 선우는 살짝 쑥스러워우면서도 자기도 모르게 어깨가 으쓱해졌다.

"그야, 상식이죠! 실은 어제 시험에 나왔어요. 헤헤."

그때였다. 아빠가 갑자기 화제를 바꾼 건.

"그런데 선우야, 원자폭탄을 맞고 폐허가 된 그 일본 땅에서 제일 먼저 생명의 싹을 틔운 게 뭔지 아니?"

뜻밖의 질문에 당황한 선우가 눈만 동그랗게 뜨고 있자 아빠가 말을 이었다.

"쑥이야, 쑥. 알지? 우리나라 곳곳, 흙이 있는 곳이라면 흔히 볼 수 있는 거. 쑥은 제초제를 뿌려도 다시 살아날 만큼 강인한 생명력을 가진 식물이지. 겨울에도 잎이 시들거나 지지 않아 '사철 쑥'이라고도 한대."

"그런데 아빠, 왜 갑자기 그 얘기를……."

"하하. 원자폭탄 얘기하니까 생각이 나서. 그리고 생각난 게 또 있다. 아빠가 나중에 자세히 알려주겠다고 한 자동차 산업 이야기가 뭐였는지 기억나?"

"우리 자동차가 어떻게 기술을 발전시켜나갔고, 어떻게 세계로 수출까지 됐는지에 대한 거요!"

"그래, 그랬지. 이참에 그 얘기를 해줄까 하는데, 어때?"

"좋죠!"

"그러고 보니, 쑥 이야기도 괜히 꺼낸 게 아니었네. 아빠가 지금부터 들려줄 우리 자동차 산업 이야기가 쑥의 자생력을 꼭 닮았거든. 제초제를 뿌려도, 폐허가 된 잿더미 속에서도 꿋꿋하게 다시 살아나는 쑥처럼 말이야."

국산화를 이뤄나가고 **수출**까지 시작한 우리 자동차 산업이 **자생력을 발휘할 일**이 있었어요?

우리 삶에 굴곡이 있듯 자동차 산업의 역사도 성공과 실패, 성장과 정체를 반복해왔거든.

1970년대 중후반 국산 고유 모델 '포니'의 탄생과 그것으로부터 시작된 수출의 본격화로 정부는 부쩍 고무돼 있었어. 그래서 1978년 6월 '자동차산업양산계획'의 일환으로 1981년까지 100만 대 생산, 1986년까지 200만 대를 생산한다는 계획을 세우고 완성차업계의 시설 확장을 주도한 한편, 이듬해 1월에는 자동차 산업을 '10대전략사업육성계획'에 넣어 다양한 측면에서의 육성 방법을 내놨지. 수출 활성화를 위해서는 1979년 10월 '수출용 승용차 생산 방침'을 발표했는데, 1982년 말까지 2,000cc 이내의 중형 고유 모델을 개발해 국산화율을 90% 이상 갖추겠다는 게 핵심 내용이었어. 더불어 기존 중형차 도입 모델은 생산을 중지하도록 했고 말이야. 정부로서는 굉장히 의욕적으로 나선 거였고, 이로써 자동차 산업은 승승장구할 일만 기다리고 있을 거라 생각했지.

그런데 그 무렵 제2차 석유파동*이 일어났어. 우리나라는 그 여파로 엄청난 타격을 입었지. 사실 제1차 석유파동 때는 다른 나라들에 비해 피해가 그리 크지 않았는데, 이때는 얘기가 달랐어. 경제성장률이 1979년에는 6.5%, 1980년에는 5.2%까지 떨어졌고, 물가상승률은 30%, 경상수지 적자 폭은 1979년 42억 달러에서 1980년 53억 2천만 달러로 사상 최고치를 기록한 거야. 게다가 제1차 석유파동 이후 이미 100억 달러를 넘겼던 외채가 제2차 석유파동 때문에 2배로 훌쩍 뛰어 200억 달러를 웃돌았어. 수출 부진은 말할 것도 없고, 무역수지도 크게 적자였지. 특히 자동차 산업의 경우 1979년에 사상 처음 20만 대를 돌파했던 생산량이 1980년에는 무려 40%나 줄어든 12만 3천 대로 급감했어. 엎친

* **제2차 석유파동** 1973년 10월에 있었던 제1차 석유파동의 여파가 진정된 지 얼마 지나지 않은 1978년 10월부터 1981년 12월 사이, 이란이 석유 수출을 중단함으로써 원유 가격이 지속적으로 상승 현상을 보인 일.

데 덮친 격으로 이런 사태가 벌어지기 직전까지 자동차 공장 건설을 확대해왔는데, 제2차 석유파동으로 공장 가동률이 크게 떨어져 자동차업체들은 심각한 경영난에 허덕이게 됐지.

이에 정부는 제1차 석유파동 이후 경제의 근본적인 체질 개선 없이 규모 확대에만 치중하면서 중화학공업 육성을 불도저식으로 무리하게 추진했던 게 문제였다 판단하고, 산업 전반에 걸쳐 대대적인 수술을 시작했어. 자동차 산업과 관련해서는 1979년 3월부터 세 차례에 걸쳐 자동차 수요 억제 정책을 펼쳤지. 그리고 1980년 8월 새롭게 출범한 전두환 정부가 그 맥락을 이어받으며 중화학공업의 과잉 투자 문제를 해결함과 동시에 정치적, 사회적 분위기를 전환하기 위해 1980년 8월 20일 '자동차공업 투자 조정 조치'를 내렸어. 자동차 산업이 과잉 투자 산업으로 분류돼 투자 조정 대상에 오른 거야.

제일 먼저 실행된 건 업계의 구조조정이었는데, 기업 합병의 경우 협상 과정에서 기업 간의 의견이 좁혀지지 않아 큰 성과가 없었어. 시간과 노력, 자금만 낭비한 꼴이 되고 말았지. 그래서 정부가 투자 조정 조치의 대안으로 1981년 2월 28일 '자동차공업 합리화 조치'를 발표하기도 했지만, 이 역시 비슷한 이유로 큰 성과를 거두지 못했어. 결국 1980년 8월 20일부터 약 2년간 지속됐던 투자 조정 조치는 승용차 부문에서 기아가, 중소형 상용차(1~5톤 트럭 및 버스) 부문에서 현대와 새한이 각각 철수하고 이에 따라 승용차 부문이 현대와 새한의 이원화, 중소형 상용차 부문이 기아로 일원화된 게 사실상 전부였지.

게다가 이 조치 때문에 자동차업계가 치러야 했던 비용은 엄청났어. 현대와 새한이 중소형 상용차 부문, 기아가 승용차 부문의 생산을 중단하는 바람에 무용지물이 된 설비만 해도 현대 195억 원, 기아 48억 원, 새한 20억 원에 달했지. 이와 관련된 부품업체들의 유휴 설비 손실도 만만치 않았어. 어디 이것뿐이었겠니? 기술과 노하우, 국제 협력 관계, 판매망 등 돈으로 환산할 수 없는 손실은 어디에서도 보상받을 수 없었지. 그동안 어렵게 구축해온 부품 산업의 계열화 체제도 상당 부분 망가졌고.

그러니까 국산화와 수출 본격화를 발판으로 이제 막 도약하려던 우리 자동차 산업은 뜻하지 않은 세계 경제위기와 그에 영향을 받아 휘청거린 국내의 정치적, 경제적 위기로 덩달아 잠시 주춤할 수밖에 없었던 거야. 하지만 우리나라 자동차업계 사람들은 특유의 자생력으로 금세 돌파구를 찾았지. 생각해보면 자연스럽고도 당연한 일이야. 그들이 누구니? 전쟁의 잿더미 속에서 쇠망치로 드럼통을 펴 자동차를 만들고, 백지 상태에서 세계 각지를 발로 직접 뛰어다니며 기술을 습득해 국산 차를 만들어낸 사람들이잖아.

국내외 각종 위기 속에서 자동차업계는 어떻게 버티고 일어났어요?

우리 자동차업계는 극심한 불황 때문에 국내 자동차 수요가 급격히 떨어지자 내수 판매에 한계를 느꼈고, 자연스럽게 해외로 다시 눈을 돌렸어. 성공적인 수출을 위해 여러 가지 발전적인 일을 추진했지. 그중에서도 해외 기술 도입 및

R&D 체제 구축으로 자동차와 관련된 각종 기술을 향상시키고 자립의 기틀을 마련한 것과 국제 협력 강화로 월드카*를 출시한 것 등이 주효했어. 그리고 이것의 연장선상에서 새로운 모델 개발에 힘썼지.

우리 자동차업체들이 외국 기술을 들여온 건 1960년대 중반부터였어. 주로 일본 자동차회사들과 제휴해서 KD 조립 관련 기술을 도입했는데, 당시는 국가 간 교류가 없던 때라 업체들이 자체적으로 추진해야 했지. 그러다 보니 1973년 장기자동차공업진흥계획이 발표되기 전까지 10년간은 기술 도입 건수가 10여 건에 불과했어. 한데 진흥계획 이후 고유 모델 개발이 진행되면서 정부의 지원이 뒷받침돼 기술 도입 건수가 껑충 뛰었지. 그 내용도 단순 조립 기술이 아닌 설계 및 제조 기술로 이전보다 범위가 넓어졌고. 1981년까지 주요 3사 기준으로 총 37건이나 됐어. 1982년부터는 기술 도입이 좀 더 본격화됐는데, 1980년의 경제 침체기에서 벗어나 생산 규모가 빠르게 증가하기 시작했고, 자동차업체들이 북미 시장 진출을 위해 경쟁력을 갖춘, 한층 발전된 신모델 개발을 추진했기 때문이야. 그 결과 1983년부터 기술 도입 건수가 매년 30건 정도씩 늘어 1986년에는 완성차 부문 42건, 부품 부문 125건, 총 167건에 달했지.

* **월드카** 기본 설계, 부품, 제품 개발 등을 통일된 플랫폼으로 갖추고 국가별로 기능적 역할을 분담해 공동 생산 및 판매하는 미래형 소형차. 세계 시장을 목표로 하기 때문에 하나의 기본 설계도를 놓고 각국 상황에 맞게 외형과 내장을 달리해 만든다.

• 종합주행시험장을 완공하며 R&D 체제 구축을 본격화한 현대자동차

이와 더불어 자동차업체들은 각종 시험장과 연구소를 건설해 R&D 체제를 구축해나갔어. 해외 기술 도입을 위해 세계 유수 기업들과 접촉하는 과정에서 기술 개발 능력의 중요성을 절감했거든. 이는 당시 현대자동차 사장이었던 정세영 명예회장의 회고록《미래는 만드는 것이다 : 정세영의 자동차 외길 32년》에도 잘 드러나 있어. '전륜구동 기술을 구걸하다', '뼈저리게 실감한 기술 유세'라는 소제목만 보더라도 말이야.

대표적으로 현대는 우리나라 최초의 종합주행시험장을 건설하고, 마북리연구소를 설립해 기초 연구를 진행했어. 특히 미국 시장 진출을 위해서는 제대로 된 자동차 성능 테스트가 가능한 주행시험장 건설이 필수라고 봤지. 1982년 10월에 착공해 1984년 2월 완공된 24만 평 부지의 이 종합주행시험장에는 1년 4개월이라는 공사 기간과 약 78억 원의 공사비가 투입된 만큼 고속 주행 회로를 비

국내 자동차 산업 발전에 있어 또 하나의 원동력, 수입자유화 ▼

'수입자유화'란 국내 산업 보호를 위해 수입을 제한하던 품목을 수입 자동 승인 품목으로 전환해주는 조치를 말한다. 우리나라에서는 1980년대 들어 본격 추진되기 시작했고, 1984년 4월 1일 거의 모든 공산품에 수입자유화가 적용됐다. 자동차의 경우, 외제품에 대한 선호도가 높은 데다 자동차 산업이 전략적으로 집중 육성해야 할 기간산업이기 때문에 수입 제한을 통해 국가에서 보호해왔다. 하지만 국내 자동차 산업이 급속도로 성장하면서 1985년 수출 규모가 30만 대를 넘어서자, 정부는 우리 자동차가 외국산 자동차에 대한 경쟁력을 어느 정도 확보했고, 국내 시장에서 외국산 자동차와 경쟁하는 것이 장기적인 측면에서는 발전에 더 유리하다고 판단, 1986년 특장차를 시작으로 1988년 4월 1일 전 차종에 대한 수입자유화를 실시했다.

롯한 총 20km의 주요 시험로 19개와 각종 부대시설이 갖춰졌어. 이후 충돌시험장과 환경시험실 등도 차차 완성했지. 또 독자 엔진을 개발해야 비로소 기술 자립을 이룰 수 있다는 판단하에 엔진개발실도 신설했어. 이로써 현대는 본격적인 기술 개발이 가능한 체제를 상당 수준 체계적으로 갖췄던 셈이야.

한편 자동차업체들은 국제 협력 강화에도 노력을 기울였어. 1960~70년대의 국제 협력 관계가 내수용 승용차의 KD 부품 조립생산을 위한 단순 기술 협력이었다면, 1980년대는 수출용 승용차의 국산화를 위한 기술 제휴, 월드카 개발과 관련해서 OEM* 방식의 공급을 위한 기술 제휴, 더 나아가 자본 제휴로까지 확대됐어. 협력 업체에도 변화가 있었어. 유럽 기업의 비중은 상대적으로 적어지고, 미국과 일본 기업 위주가 됐지.

* OEM(Original Equipment Manufacturing) 유통망을 갖춘 주문업체가 생산성을 가진 제조업체에게 자사에서 요구하는 상품을 제조하도록 위탁해 완성된 상품을 주문업체의 브랜드로 판매하는 방식. '주문자 위탁 생산' 또는 '주문자 상표 부착 생산'이라고도 한다. 인건비가 높아 가격경쟁력을 상실한 선진국이 주로 사용하는 방식이며, 인건비가 비교적 저렴한 동남아시아 등지에 공장을 세우거나 현지 제조공장에 OEM 방식을 적용해 제품을 생산한 뒤 제3국으로 수출한다.

• 기아자동차의 월드카 '프라이드'(위)와 대우자동차의 월드카 '르망'(아래)

먼저 현대는 포니를 개발할 때부터 기술 협력 관계를 맺어왔던 일본의 미쓰비시가 1980년대 초 자본에도 참여하면서 협력 관계를 강화했어. 기아는 1980년대 초 일본의 마쓰다와 자본 제휴를 맺었는데, 1986년 포드가 10%의 자본 참여를 추가로 시작하면서 다각적인 국제 협력 관계를 형성했지. 이 덕분에 1987년 월드카인 '프라이드'가 탄생할 수 있었던 거야. 마쓰다가 설계를, 기아가 생산을, 포드가 판매를 맡았지. 한편 대우는 제휴사인 GM의 월드카 계획을 1980년대 초부터 공동 추진하면서 1986년 '르망'을 생산했고, 1987년부터는 GM의 미국 판매망을 이용한 OEM 방식으로 관계를 계속 유지해나갔어.

월드카 덕분에 우리 자동차 **수출이 더 활발**해진 거예요?

1980년대 자동차 수출에 대해 이야기하자면 월드카에 앞서 현대의 '포니엑셀'을 먼저 얘기해야 해. 포니엑셀이 자동차 산업의 종주국이자 세계 최대 시장인 미국으로의 수출에 포문을 열었거든. 기아와 대우의 월드카는 포니엑셀이 미국으로 간 1986년 이후에야 수출이 본격화됐어. 사실상 현대는 1982년부터 1986년까지 우리나라의 자동차 수출을 주도하다시피 했지.

포니엑셀은 '포니', '스텔라'에 이어 현대자동차가 자체 개발한 세 번째 고유 모델이자, 우리나라 최초의 전륜구동차야. 그전까지는 뒷바퀴만 구르는 후륜구동 방식이었어. 애초부터 미국 시장을 겨냥한 수출용 승용차였기 때문에 디자인부터 부품 개발, 각종 시험, 완성까지, 그야말로 총력을 다한 제품이지. 오죽하면 1978년 개발 계획을 세운 후 1985년 양산을 시작하기까지 무려 7년이나 걸렸겠니. 물론 그사이 정부의 제한 정책 때문에 개발이 잠깐 주춤했던 것도 이유였지만 말이야.

• 현대자동차의 '포니엑셀'. 현대의 세 번째 고유 모델이자 우리나라 최초의 전륜구동차다.

'포니엑셀'이라는 이름은 '포니'와 '훌륭하다'는 뜻의 영단어 'excellent'를 합한 거라고 해. 이름에 '포니'를 넣은 건 그동안 포니가 국내는 물론 해외에서도 평가가 좋았고 판매량이 높았다는 점을 감안한 거였는데, 아마 포니엑셀이 '제2의 포니'가 되길 바라는 마음도 담겨 있었을 거야. 실제로도 엄청난 성과를 이뤄냈지.

당시 국내에는 전륜구동 자동차 기술이 전혀 없었기 때문에 현대는 기술적 어려움을 많이 겪었어. 완전 새롭고 전혀 다른 기술이 필요했지. 현대는 독일의 폭스바겐, 프랑스의 르노, 미국의 포드 같은 자동차업체에게 기술 전수를 요청했어. 하지만 모두 거절당했어. 우여곡절 끝에 영국의 GKN에서 전륜구동차의 핵심 부품인 등속 조인트 기술을 들여올 수 있었지. 섀시, 엔진 등 설계 기술은 일본의 미쓰비시에서 도입해왔고, 스타일링은 포니 때부터 인연을 맺었던 이탈디자인과 함께했어. 처음부터 미국 수출이 목표였으니 미국 내 안전도와 배기가스 규제 규정에 적합한 기술 개발에도 신경을 썼지. 수출 전에는 국제 규모의 자체 시험장에서 각종 성능과 충돌 시험을 거듭했어. 미국으로도 차를 보내 현지 테스트까지 마쳤지. 개발 과정을 요약해서 말하니까 굉장히 간단해 보이지만, 완성하기까지 오랜 시간이 걸린 만큼 지난한 과정이었어.

이렇게 완성된 포니엑셀은 1985년 7월 영국을 시작으로 11월엔 네덜란드와 이탈리아에 수출됐고, 1986년 1월, 드디어 미국 땅을 밟았어. 그리고 1년 후 총 26만 3,610대나 팔려 미국 내 수입 소형차 연간 판매 순위 1위에 올랐지. 1976년 우리나라 최초의 고유 모델인 포니 수출 이후 꼭 10년 만에 이룬 쾌거였어. 당시 미국 언론들은 포니엑셀에 대해 극찬을 쏟아냈는데, 그동안의 어려움과 고생을 단번에 잊게 해줄 놀라운 성과였지.

이와 관련해 가슴 찡한 에피소드가 하나 있어. 현대가 LA에서 열린 모터쇼에 포니엑셀을 처음 출품했을 때의 일이야. 많은 미국인이 포니엑셀에 관심을 보였는데, 그때 현대자동차의 정세영 사장에게 깊은 인상을 남긴 사람이 한 사람 있었대. 오래전 미국으로 이민 와 있던 우리나라 할머니였는데, 그분이 모터쇼에 전시 중이던 포니엑셀을, 마치 손자를 어루만지듯 자랑스럽게 쓰다듬으며 이렇게 말씀하셨대.

"전쟁으로 폐허가 된 조국에서 어떻게 이런 좋은 차를 만들어 미국까지 수출하게 되었느냐……."

할머니는 감격의 눈물까지 보이셨고, 그 모습을 본 정세영 사장은 할머니가 흘리신 눈물의 의미가 오래도록 잊히지 않았노라 회고했어.

'포니엑셀'로 우리 자동차가 미국에 진출한 게 그렇게 대단한 일이에요?

그야 물론이지. 앞서 얘기했듯 미국은 자동차 산업의 종주국이자 세계 최대 시장이고, 그만큼 까다로운 시장인데, 그런 미국 시장을 통해 대한민국 자동차의 놀라운 발전상을 전 세계에 알리게 됐으니까. 기아와 대우도 여기에 자극을 받아 수출용 차량 개발 및 생산에 박차를 가했어. 아까도 말했지만 기아의 월드카 '프라이드'와 대우의 월드카 '르망'을 미국에 수출한 건 포니엑셀 수출 이후의 일이야. 이때부터 우리나라 자동차 수출은 활기를 띠었지.

사실 당시만 해도 '국산 자동차 수출은 출혈 수출'이라는 말이 나올 정도로 손해 보는 부분이 어느 정도 있었어. 하지만 현대자동차가 전세를 바꿔놨지. 극찬과 함께 엄청난 판매고를 올리면서 채산이 맞아떨어졌을 뿐 아니라, 그 이름을 떨치면서 이후 미국 자동차업계나 경쟁 관계에 있는 다른 나라 수입 자동차업체

현대자동차, '스텔라'의 북미 시장 진출에서 교훈을 얻다

• 현대자동차의 '스텔라'

현대자동차는 미국 시장 진출에 앞서 1984년 1월 시험적으로 북미 캐나다에 '포니'를 수출했다. 캐나다는 미국과 가까워 시장 특성이 미국의 축소판이었던 한편, 규모는 미국의 10분의 1 수준이고, 규제 수준은 훨씬 낮았기 때문이다. 현대의 캐나다 진출은 성공적이었다. 수출 첫 해에 2만 5천여 대를 판매했는데, 이는 캐나다의 수입 차 시장점유율의 10% 수준이었고, 그 덕분에 현대는 일본의 혼다, 토요타, 닛산에 이어 캐나다 내 수입 차 판매 순위 4위에 올랐다. 이에 힘입은 현대가 이듬해 '스텔라'를 수출하자 포니의 판매에도 가속이 붙었다. 포니 5만 1천 대, 스텔라 2만 8천 대, 총 7만 9천 대의 판매 성과를 거두며 캐나다의 수입 차 시장점유율은 21%까지 뛰어올랐다. 현대는 단방에 수입 차 판매 대수 1위를 차지했다.

그런데 3년 후, 스텔라에 대한 불만의 목소리가 높아지기 시작했다. 차체 크기와 중량에 비해 엔진 배기량이 작았고, 소음이 심했으며, 고장률도 높다는 게 이유였다. 엔진 배기량이 특히 문제였는데, 북미 시장은 휘발유 가격이 낮아 자동차의 주행 성능, 즉 파워를 중시하기 때문이었다. 이 문제를 해결하기 위해 현대는 엔진 크기를 키우는 등 노력했지만, 판매량에는 도움이 되지 않았다. 이는 '한 번 떨어진 신뢰도는 쉽게 회복할 수 없다'는 북미 시장의 특성을 확실히 보여준 결과였다.

• 현대자동차의 '쏘나타'. 설계부터 디자인까지 모두 우리 기술로만 만든 최초의 고유 모델 수출용 중형차다.

가 우리 자동차의 수출을 방해하지 못하도록 하는 바탕을 만들었던 거야.

현대자동차의 미국 수출은 국내 경제에도 큰 영향을 미쳤어. 당시 우리나라는 조선 산업 같은 일부 기계공업을 제외하곤 섬유를 중심으로 한 경공업 분야가 수출 주 종목이었거든. 그런데 포니엑셀이 미국에 수출되면서 중화학공업의 핵심이라 할 수 있는 기계공업으로 수출 산업이 전환됐어. 후진적 수출 산업 구조에서 선진적 수출 산업 구조로 개편된 거지.

한편 현대자동차는 또 하나의 수출용 승용차를 탄생시켰어. 이번에는 소형차가 아닌 중형차였고, 설계부터 디자인까지 해외 기술 도입 없이 모두 우리 기술로만 만든 최초의 고유 모델이었지. 바로 '쏘나타'야. 그 무렵 미국 내 자동차 수요가 폭발적으로 증가하고 있었거든. 특히 중형차의 수요가 전체 시장의 20%나 달할 정도로 높았어.

'최초'와 관련된 쏘나타의 기록은 또 있어. 우선 차체 구조를 설계할 때 국내 최초로 컴퓨터를 이용했어. 포니엑셀을 만들 때도 설계 단계에서 '캐드'*를 사용하긴 했지만, 차체 구조 설계에까지 컴퓨터를 쓴 건 쏘나타가 처음이었어. '제노

* 캐드(CAD) '컴퓨터 지원 설계(Computer Aided Design)'의 약어. 컴퓨터에 기억된 설계 정보를 그래픽 디스플레이 장치로 추출해 화면을 보면서 설계하는 것. 곡면이 혼합된 복잡한 입체 형상도 비교적 간단하게 설계할 수 있다.

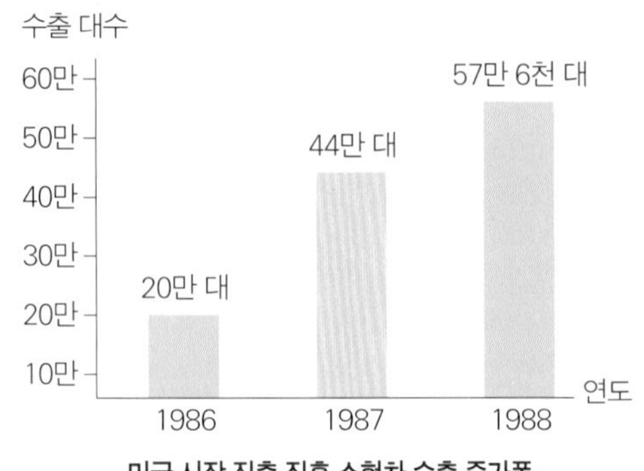

미국 시장 진출 직후 소형차 수출 증가폭

이(Xenoy)'라는 범퍼를 세계 최초로 사용하기도 했어. 미국 제너럴일렉트릭이 개발한 첨단 소재인데, 가벼우면서도 복원력이 우수하고 페인트를 칠했을 때 표면 광택도가 높은 제품이야. 더불어 세계 흐름에 따라 공기역학과 인체공학적 측면을 차에 반영했지. 이렇게 만들어진 쏘나타는 1988년 11월 마침내 미국 첫 수출에 성공하면서 수출 차종의 다양화를 알렸어. 이것으로 우리 자동차는 세계 시장에서 높은 판매량을 기록하며 경쟁력을 더욱 높이게 됐지. 실제로 미국 시장 진출 첫해인 1986년부터 3년간 소형차의 연평균 수출 증가율은 67%나 됐어. 현대의 포니엑셀이 견인차 역할을 하고, 월드카인 기아의 프라이드와 대우의 르망이 가세한 덕분이었어.

당시에는 **미국 수출**에만 **주력**했어요?

그렇진 않아. 1980년대 말부터 우리 자동차업계가 '시장 다변화 전략'에 돌입했으니까. 미국, 캐나다 등 이전까지의 주력 수출국 외에 더 많은 나라로의 수출을 추진하게 된 거야. 사실 여기에는 결정적인 이유가 있었어. 미국의 경제위기 때문이었지.

우리 자동차는 보무도 당당하게 미국 시장에 진출했지만, 얼마 지나지 않아 생각지도 못한 위기에 맞닥뜨렸어. 1988년 말, 미국 경제가 한없이 추락했거든. 무역 적자가 대폭 증가했고, 내리막길 경제다, 뭐다 해서 미국의 경제위기론까지 제기됐어. 당연히 미국 내 수입 자동차 판매량이 급락할 수밖에 없었지. 1988년 후반부터 서서히 기미를 보이던 판매 부진은 1989년 눈에 띄게 두드러졌어. 이건 우리가 어찌해볼 수 없는 다른 나라의 상황이었기 때문에 우리 자동차업계는 얼른 다른 방법을 찾아야 했지. 그게 바로 시장 다변화 전략이야. 이것의 핵심은 제품의 경쟁력을 더욱 강화하고, 미국 시장에 대한 의존도를 줄임과 동시에

위험부담을 분산하기 위해 다른 나라 시장으로의 수출을 늘리는 거였어.

우선 현대는 1987년 초부터 이미 수출본부 내에 시장조사팀을 구성하고 유럽, 중남미, 아시아 및 태평양 등으로의 새로운 시장 개척을 시작했어. 그 덕분에 미국 수출이 주춤했을 때 호주, 스위스, 아일랜드, 대만, 태국, 괌, 몽고, 포르투갈, 덴마크, 노르웨이, 아이슬란드 그리고 독일과 프랑스까지 더 많은 나라에 자동차를 수출할 수 있었지.

기아는 조금 다른 방법으로 시장 다변화 전략을 세웠어. 대만과 필리핀으로 KD 수출을 시작한 거야. 이전까지 완성차만 수출하던 것과 달리 새로운 수출 형태로 주목을 받았지. 특히 대만에 있는 포드의 자회사인 포드리오호와 프라이드의 현지 생산을 추진하면서 1989년 1월 CKD 수출을 시작, 3월부터 현지에서 조립생산에 착수했어. 이건 우리나라 자동차 산업 최초의 KD 수출이었는데, 이를 계기로 KD 수출이 크게 늘어났지. 기아는 완성차에 대해서도 신규 시장을 개척해나갔어. 중국, 터키, 이란, 베네수엘라, 브라질 등지로 자동차를 수출했지. 미국에 수출했던 프라이드는 영국까지 날아갔고, 1992년 말에는 '베스타'라는 미니버스를 프랑스에 수출하면서 국산 버스로는 처음으로 프랑스에 진출했어. 이후 고유 모델로 개발한 '세피아'와 '스포티지'를 독일, 이탈리아, 벨기에 등 서유럽에 수출하면서 더욱 폭넓게 신규 시장을 개척했지.

우리나라 자동차 산업 초창기 기술 도입처였던 일본에도 우리 자동차가 상륙했어. 비록 한정 판매이긴 했지만, 88서울올림픽 공식 업체로 지정된 현대가 이를 기념하며 포니엑셀 150대를 일본에 수출했고, 1989년에는 기아가 프라이드 2천 대를 한정 수출했지.

반면 대우는 이 시기 시장 다변화에서 눈에 보이는 성과를 내지 못했어. 제휴사인 GM이 수출 지역을 제한했거든. 이 때문에 불만이 쌓이자 대우는 1992년 12월 GM과의 관계를 청산해버렸어. 이후 서유럽 시장을 제외한 폴란드, 루마니아, 우즈베키스탄, 체코, 페루, 인도 등 동유럽과 중남미, 아시아 등 개발도상국을 대상으로 새로운 시장을 활발하게 개척해나갔지. 그렇다고 제휴 기간 중에 서유럽 시장을 아예 포기한 건 아니었어. GM과의 합작 옵션과 무관한 대우중공업의 경승용차를 이탈리아 등지에 수출했고, 1990년대 중반부터 자동차 수출을 본격화했지. 1990년대 수출 관련 이야기는 나중에 다시 해줄게.

1980년대 우리 자동차, 자동차 대중화 시대를 열다

1980년대에 자동차업계가 수출로 눈을 돌렸던 여러 이유 중 하나는 국내 수요가 적다는 것이었다. 그러나 미국을 비롯한 해외 수출이 활발해지고 우리 자동차에 대한 국민들의 신뢰도가 높아지면서 1987년 무렵부터 국내 자동차 판매량이 점차 늘어났다. 바야흐로 자동차의 대중화가 시작된 것이다. 여기에는 몇 가지 요인이 작용했는데, 우선 무역이 최초 흑자를 기록하면서 국내 경제 규모와 국민 소득 수준이 빠르게 성장했다. 고가인 자동차에 대한 수요도 덩달아 상승했다. 그리고 자동차업체들이 수출을 목표로 한 새로운 모델의 자동차를 속속 출시하던 때라 소비자들을 유혹하기 충분했다. 1980년대 중반부터 자동차 대량생산을 시작한 것도 한몫했다. 수출이 급격히 늘어나면서 자동차업체들이 대규모 공장 건설에 박차를 가한 것이다. 당시 자동차의 대중화는 경제적으로도 긍정적인 효과를 낳았다. 1988년 말 미국의 경제 사정 악화로 수출 자동차의 판매량이 급락했을 때 이로 인한 충격을 국내 수요가 완화해준 것이다. 이에 힘입어 국내 자동차업체들은 독자 기술 개발과 풀 라인업 생산 체계 확립에 더욱 주력할 수 있었고, 결과적으로 우리 자동차의 경쟁력을 키우는 데 크게 일조했다. 우리나라 자동차 생산량은 1988년 이미 100만 대를 돌파했다.

모양별 자동차 종류

세단(Sedan)

4~5인승의 가장 일반적인 승용차. 엔진룸과 트렁크 부분이 각각 튀어나와 있으며 2도어, 4도어 등 문의 개수가 다양하다. '노치백(Notchback)'이라고도 한다.

쿠페(Coupe)

2인승 세단형 승용차. 스포츠카에 많이 쓰이는 형태로 공기저항을 줄이기 위해 뒤쪽으로 갈수록 천장이 낮아진다. 보통 2도어이며, 트렁크가 있는 '노치드 쿠페(Notched Coupe)'와 트렁크가 없는 '패스트백(Fastback)'이 있다.

리무진(Limousine)

운전석과 뒷좌석 사이에 유리 칸막이가 있는 대형 호화 승용차. 세단보다 길다.

컨버터블(Convertible)

지붕을 따로 떼어내거나 접어서 열 수 있는 자동차. 여행용으로 많이 사용되며, 흔히 '오픈카'라고 한다. 4도어는 '페톤(Phaeton)', 옆 유리창이 없는 것은 '로드스터(Roadster)'다.

로드스터(Roadster)

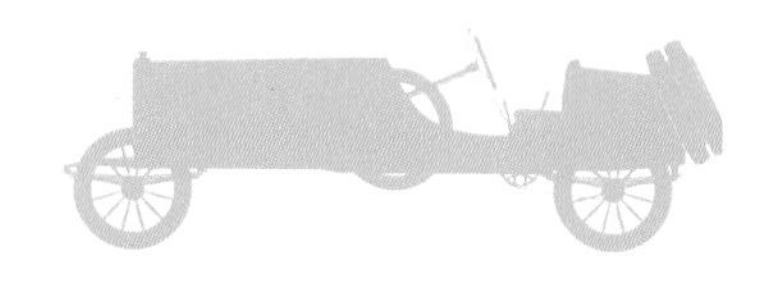

스포츠카와 일반 승용차의 중간 형태로 지붕을 접어 열 수 있고 보닛이 긴 2인승 자동차. 배기량이 크고 속도가 빠르며 옆 유리창이 없다. 자동차가 등장했던 초기에는 지붕이 없는 2인승 차를 뜻했으나, 지금은 소프트톱이 달린 컨버터블도 포함한다. 과거에는 바깥쪽에 접었다 펼 수 있는 좌석이 있었지만 요즘은 만들지 않는다.

하드톱(Hardtop)

딱딱한 철판이나 플라스틱 지붕을 떼었다 붙였다 할 수 있고, 차창의 중간 기둥을 없애 창문을 열었을 때 개방감을 느낄 수 있는 자동차. 보통 2도어다. 요즘은 지붕을 떼어낼 수 없더라도 차창의 기둥이 없으면 하드톱이라 한다.

해치백(Hatchback)

'위로 끌어올리는 문'을 뜻하는 '해치(hatch)'라는 단어가 쓰였듯 세단이나 쿠페의 트렁크에 위아래로 여닫을 수 있는 문이 있는 승용차. 이 문을 올리면 뒷좌석이 바로 보이고, 뒷좌석 등받이를 눕히면 짐칸이 커진다. 보통 때는 승용차 분위기를 내기 위해 뒷좌석 등받이 뒤를 선반으로 막아 사용한다.

왜건(Wagon)

세단의 지붕을 뒤쪽까지 늘려 뒷좌석 바로 뒤에 화물칸을 설치한 승용차. 사람과 짐을 함께 실을 수 있는 다용도 자동차다. 원래 미국 서부 개척 시대의 '포장마차' 또는 '역마차'를 가리키던 말로, 실내를 길게 만들고 뒤쪽에 짐칸을 만들어 업무용이나 레저용으로 많이 이용한다.

밴(Van)

뒤쪽 실내에 커다란 짐칸이 있는 자동차. 모양은 왜건과 비슷하지만 짐 싣는 기능이 더 강조되었다. 종류에 따라 승용차에 가까운 것과 화물차에 가까운 것이 있다. 요즘은 레저용으로 많이 쓰이며, 우리나라에서는 '봉고'가 대표적이다.

픽업(Pickup)

짐칸의 덮개가 없고 차체 옆판이 보통 한 판으로 만들어지는 소형 트럭. 운전석이 1열인 것을 '싱글 픽업', 2열인 것을 '더블 픽업'이라 부른다.

05

세계가 우리 자동차를 알아보기 시작했어요!

1990년대, 우리나라는 자동차 산업의 양적 · 질적 성장을 바탕으로 자동차의 대중화를 이어나갔고, 이에 따라 차급도 상향 이동했다. 또한 기술 도약에 힘입어 국산 고유 모델들이 줄줄이 탄생, 우리는 세계 5위의 자동차 생산국이 되었으며 자동차 보유 대수 1천만 시대를 맞았다. '싸구려 차'에서 '고급 차'로의 세계적 이미지 변신을 꾀한 대한민국 자동차, 그 비약적 발전 이야기.

우리나라 차가 외국 영화에 나오다니요!

주말 오후, 학원 다녀온 선우를 집에서 맞아준 사람은 아빠였다.

"이제 오니? 힘들었지? 마침 잘 왔다. 좀 있다 TV에서 재밌는 영화를 해줄 거야. 아빠랑 같이 보자."

"무슨 영환데요?"

"〈본 슈프리머시〉. 너도 알지? 맷 데이먼 나오는 첩보 액션 시리즈. 우리 저번에 같이 본 〈본 아이덴티티〉 후속작."

"아~ 그러잖아도 보고 싶었는데! 와~ 팝콘이랑 콜라도 있네요!"

"우리 아들, 학교, 학원, 독서실, 집만 왔다 갔다 하면서 공부하느라 극장 갈 시간도 없지? 그래서 극장 기분 좀 내보려고 아빠가 미리 준비했지. 우린 이제 소파에 편하게 앉아서 느긋하게 영화만 즐기면 되는 거야."

"우와! 아빠 최고!"

"하하하. 아, 시작한다."

영화 시작과 동시에 화면에 집중하며 말이 없어진 두 사람. 그러다 아빠가 슬쩍 선우 쪽을 돌아봤을 때 선우는 이미 영화에 푹 빠져 있었다. 팝콘을 우적우적 씹으면서. 아빠는 흐뭇한 표정으로 시선을 다시 TV 쪽으로 돌렸는데, 그때였다.

"어! 아빠, 아빠! 저거, 아빠 찬데요?!!!"

정말 그랬다. 영화 속 추격 장면에서 아빠가 타고 다니는 '뉴EF쏘나타'가 질주하고 있었다.

"아빠, 맞죠? 저거 우리 차죠?"

"그래, 그렇구나. 이야~ 반가운데!"

"진짜 신기해요. 우리나라 차가 외국 영화에 나오다니!"

"그러게 말이야. 그만큼 우리 자동차가 세계적으로 알려졌고, 인정받는다는 뜻이겠지."

"영화가 더 재미있어지려고 해요. 어쩐지 막 흥분되는데요!"

"하하하. 그래? 그럼 이따 영화 끝나고 아빠가 더 흥분되는 이야기 들려줄게. 외국 영화에 등장할 정도로 비약적인 성장을 해온 우리 자동차 산업에 대해서 말이야."

세계로 시선을 돌린 게 좋은 결과를 만든 것 같아요.

맞아. 아빠가 저번에 했던 얘기 잘 기억하고 있구나. 앞서 얘기했다시피 1980년대 말부터 시작된 시장 다변화 전략 덕분에 우리 자동차가 수출된 나라도 굉장히 많아졌잖아. 미국을 비롯한 선진국부터 아시아와 아프리카 등 개발도상국까지, 일일이 열거하기가 벅찰 정도로 말이야. 이 과정에서 국제경쟁력을 확보하기 위해 자동차 관련 기술은 점점 발전했고, 이를 바탕으로 1990년대부터는 국산 고유 모델들이 줄줄이 탄생했어. 처음 수출을 목적으로 자동차를 만들 때만 해도 소형 승용차 위주였던 제품 개발은 차급별로 다양해졌을 뿐 아니라 차종별로도 신제품이 많이 나왔지. 맨땅에 헤딩하는 심정으로 우리나라 최초의 국산 고유 모델인 포니를 완성한 게 1976년이었으니까, 10여 년 만에 기술이 엄청 큰 폭으로 도약한 셈이야. 자동차업계의 자발적이고 적극적인 노력이 빛을 발한 거지.

1981년 2월의 '자동차공업 합리화 조치'가 8년 만인 1989년 7월에 해제된 것도 신모델 확대에 영향을 미친 것 중 하나야. 기존 완성차업체들이 생산할 수 있는 차종이 자유로워지고, 신규 업체의 자동차 시장 진출도 가능해졌거든. 국내

자동차 산업의 구조가 확대, 재편되면서 자동차업계가 자유 경쟁 체제에 돌입하게 된 거지.

이렇게 되자 선순환이 이어졌어. 발전된 기술이 적용된 새로운 모델의 자동차가 늘어나자 국내 판매는 물론 수출도 그만큼 활기를 띠었고, 더불어 자동차 생산량도 늘어났지. 1995년 우리나라는 세계 5위의 자동차 생산국이 됐어! 2년 후인 1997년에는 국내 자동차 보유 대수 1천만 시대가 열렸고, 다시 2년 후인 1999년에는 자동차 수출 누계 1천만 대를 돌파했지. 그야말로 세계가 깜짝 놀랄 정도의 비약적인 발전이었어.

1990년대에 탄생한 국산 차는 어떤 것들이에요?

우와. 정말 많아서 뭣부터 얘기해야 할지 판단이 잘 안 서는구나. 이럴 때 제일 좋은 건 시간순 그리고 의미순이겠지? 시간에 따라 차종별, 차급별로 이야기해줄게. 1990년대에는 차종과 차급이 확대되면서 새로운 모델이 많이 나왔거든.

선두로 눈에 띄는 건 경차의 등장이야. 1991년 5월 대우가 에너지 절약형으로 약 800cc 엔진을 장착한 '티코'를 출시하면서 우리나라의 경차 시대가 열렸지. 하지만 출시 당시에는 인기를 끌지 못했어. 여기에는 몇 가지 요인이 있는데, 우선 차가 너무 작았어. 일본 스즈키자동차의 경차인 660cc 엔진 '알토'를 기본 삼아 개발되다 보니 국내 경차 규격보다 작게 출시됐거든. 가뜩이나 경차의 안전성을 우려하던 사람들은 티코의 선택을 주저했지. 또

• 국내 최초 경차인 대우의 '티코'

• 초기 경차 시장에서 기아 '비스토'와 함께 삼파전을 펼친 현대 '아토스'(위)와 대우 '마티즈'(아래)

하나, 출시 시기가 너무 늦었어. 1980년대 후반 자동차의 대중화가 시작될 무렵에 출시됐다면 좀 달랐을지도 몰라. 일본이나 서유럽 등 우리보다 먼저 자동차 산업이 발전한 나라들의 경우 '저가'라는 최고 무기를 가진 경차가 자동차의 대중화를 이끌었거든. 우리나라는 쏘나타가 국내외에서 돌풍을 일으키며 대중화가 시작됐기 때문에 사람들의 눈높이가 중형급으로 맞춰져 있었고, 경차가 처음 등장했을 때는 대중화가 이미 막바지였어. 다른 나라의 경우에 비춰 보면 매우 이례적인 일이었지. 물론 소득 수준이 높아진 데다 겉모습을 중요하게 생각하는 우리 문화와 사회 분위기의 영향도 있었고 말이야. 경차 판매율이 부진할 수밖에 없었어.

이에 정부는 1995년 6월 경차 지원책을 내놨어. 등록세 및 면허세 할인, 보험료 인하, 고속도로 및 공영 주차장 50% 할인 등 파격적인 혜택이 주어졌지. 그러자 1996년부터 경차 판매가 급증하기 시작했고, 새로운 경차 모델들이 등장하면

지프(Jeep), 상표명에서 소형 사륜구동차의 대명사가 되다

흔히 사륜구동차를 '지프'라 부른다. 그러나 원래는 제2차 세계대전 당시 미국 윌리스오버랜드모터스가 만든 군용차의 이름이다. 이 회사는 '지프'라는 이름으로 저작권을 획득했고, 회사명도 '지프'로 바꿨으나, 이후 여러 차례 인수 합병을 거쳐 현재는 미국 크라이슬러가 등록상표를 갖고 있다. 그 외 자동차회사들은 라이선스 계약을 통해 '지프형(Jeep Type)' 자동차를 생산하고 있는데, 그 과정에서 '지프'는 소형 사륜구동차를 가리키는 대명사로 거듭났다.

서 해당 시장이 확대됐어. 현대가 1997년 '아토스'를, 대우가 이듬해 티코의 후속 모델로 '마티즈'를, 1999년에는 기아가 '비스토'를 출시했지. 이로써 경차 시장에 삼파전이 일었어.

> * SUV(Sports Utility Vehicle) 스포츠형 실용차. 안락한 승차감이 특징인 승용차의 장점과 오프로드 주행 및 다용도 기능이 특징인 레저용 차량의 장점을 동시에 갖췄다. 주로 지프형 사륜구동차를 뜻한다.

한편 이 시기엔 사륜구동 SUV*신모델도 속속 개발됐어. 그전까지는 쌍용의 지프형 사륜구동차 '코란도'가 1974년 출시 이래 아주 오랫동안 독점하고 있던 시장이었지. 코란도는 우리나라 최초의 SUV 차량이야. 여기에 가장 먼저 도전장을 내민 건 1991년 현대자동차의 계열사인 현대정공에서 만든 지프형 사륜구동차 '갤로퍼'였어. 직선형의 깔끔한 왜건 스타일인 갤로퍼는 세계 최악의 랠리인 파리-다카 랠리에서 4연승을 거두며 단번에 인기를 끌었지. 코란도의 판매량도 금세 따라잡았어. 이에 자극을 받은 쌍용은 1993년 벤츠 엔진을 장착한 '무쏘'를 출시했고, 1996년에는 전혀 새로운 디자인의 '뉴 코란도'를 선보였어. 그사이 1993년에는 기아가 유선형이 매력적인 '스포티지'를, 1998년에는 아시아자동차가 지프형 '레토나'를 출시했는데, 이로써 사륜구

쌍용자동차의 코란도, '39년 최장수 모델'로 기네스북에 오르다

기성세대들 사이에서 '쌍용자동차' 하면 제일 먼저 떠오르는 이름, 바로 '코란도'다. 1974년 10월 출시 이래 2013년 현재까지 무려 39년 동안이나 명맥을 이어가고 있다. 이 덕분에 국내 최장수 자동차 모델로 기네스북에도 올랐다. 그사이 2005년 9월 3세대 모델을 끝으로 단종된 적도 있지만, 2010년 4월 '부산 모터쇼'에서 양산형 '코란도C' 콘셉트카(Concept Car, 자동차회사의 이미지나 철학을 나타내기 위해 만드는 자동차. 보통 세계적인 모터쇼 출품을 통한 홍보 목적으로 비밀리에 1대만 제작한다)를 선보이며 부활, 전보다 더 다양한 스타일로 진화된 모습을 보여주고 있다.

1세대 코란도
(1974년 10월~1983년 2월)

2세대 코란도
(1983년 3월~1996년 6월)

3세대 코란도
(1996년 7월~2005년 9월)

4세대 코란도
(2011년 2월~2013년 현재)

동 SUV 차량의 파워만큼이나 치열한 경쟁이 펼쳐졌지.

1990년대 국내에 처음 등장한 스포츠카들, 쌍용 '칼리스타'(위)와 현대 '티뷰론'(아래)

1990년대에는 스포츠카도 등장했어. 불모지였던 국산 스포츠카 시장에 과감히 나선 건 1992년 쌍용이 만든 '칼리스타'야. 영국의 전통적인 세미클래식 스포츠카를 국산화시킨 거였지. 하지만 2년 만에 생산을 중단한 실패작이 되고 말았어. 젊은 층을 겨냥했음에도 고색창연한 옛 스타일인 데다 가격이 너무 비쌌거든. 이후 몇 년간은 스포츠카에 도전하는 모델이 없었어. 국내 스포츠카 시장이 이대로 막을 내리는가 싶었지.

그런데 1996년 현대가 고유 디자인으로 '티뷰론'을 출시했어. 사실 현대는 이보다 앞선 1990년에 '스쿠프'라는 쿠페형 승용차를 내놓은 적이 있었지만, 본격 스포츠카로는 티뷰론이 처음이라고 보는 게 맞아. 티뷰론 출시 3개월 후에는 기아도 스포츠카 시장에 발을 내딛었어. 영국의 2인승 신형 스포츠카를 국산화한 '엘란'을 데리고 나왔는데, 4인승 티뷰론에 밀려 결국 또 하나의 실패작으로 끝나버렸지. 이후 현대는 티뷰론의 후속 모델로 '투스카니'를 선보였어. 그리고 그것이 레이싱카로도 인기를 끌면서 국내 스포츠카 시장을 오랫동안 점령했지.

이상 경차부터 사륜구동 SUV, 스포츠카까지 3개 차종이 1990년대에 처음 혹은 특징적으로 나타난 새로운 차종이야. 이 중 SUV 같은 다목적형 승용차, 그러니까 RV*가 1990년대 후반부터 특히 인기였지. 2001년 이후로는 SUV가 다목적형 승용차 전체의 판매율을 주도하기도 했어. 물론 기존 승용차들도 차급별로 다양하게 출시됐어. 특히 1980년대까지 고유 모델이 턱없이 부족하던 기아와 대우가 눈에 띄는 결과물들을 보였지.

* RV(Recreational Vehicle) 캠핑카처럼 야외 스포츠, 모험, 오락을 즐기기 위해 만든 레저용 다목적 자동차. 미니 밴, 왜건, SUV 등이 이에 속한다.

이렇게 해서 1990년대에는 차종별, 차급별 국산 차의 수가 크게 많아졌어. 모델 수 변화가 특히 컸지. 기아가 승용차 생산을 재개하기 직전인 1986년에는 승용차 모델이 9종뿐이었는데, 1997년에는 무려 29종으로 늘었거든. 이 중 고유 모델 수는 1986년 3종이었던 것이 1997년 16종까지 많아졌어. 차급 면에서 엔진 배기량도 1986년까지는 1,200~2,000cc뿐이었는데, 1997년엔 800~3,500cc까지로 확대됐지.

엔진 배기량으로 구분하는 승용차 차급

구분	엔진 배기량
경차	800~1,000cc
소형차	1,400~1,600cc
준중형차	1,600~2,000cc
중형차	2,000~2,400cc
대형차	2,700~3,800cc

이처럼 신모델이 엄청나게 쏟아지자 선택의 폭이 넓어진 소비자들은 행복한 고민에 빠졌어. 그만큼 자동차 교체 주기도 짧아져 중고차 시장이 때 아닌 활기를 띠었지. 당시 통계로는 평균 3년 반마다 새 차로 바꾸는 추세였다고 해. 그래서 혹자는 1990년대를 '새 중고차 홍수의 시대'라고도 표현하더구나.

신모델 자동차 중 활약이 두드러졌거나 의미 있는 차는 뭐였어요?

좋은 질문이야. 나열만 하고 끝내면 남는 게 없지. 물론 네 질문에 답이 될 만한 차가 있어. 알파엔진과 변속기는 물론 우리에게 마지막 숙제처럼 남아 있던 섀시 장치까지 완전 독자 기술로 개발한 첫 번째 자동차, 그야말로 완벽한 독자 모델 자동차가 1990년대에 탄생했거든.

그 주인공은 바로 현대가 1994년 4월에 출시한 '엑센트'야. 엑센트는 총 3,500억 원의 개발비를 들여 4년 4개월 만에 완성됐는데, 이는 다른 소형급, 아니 중형급 모델보다 훨씬 많은 비용과 시간을 쏟은 결과물이었어. 이전까지의 다른 모델들은 중형급이라 하더라도 개발비 1,500억 원과 엑센트에 소요된 개발 기간의 3분의 2 정도면 충분했으니까 말이야.

하지만 엑센트는 그럴 만한 이유가 충분했어. 앞서 얘기한 것처럼 모든 부품에 로열티를 지불하지 않아도 되는 독자 기술이 적용됐을 뿐 아니라, 소형차로는 처음으로 ABS*와 에어백이 장착됐지. 고강력 강판과 철재 대신 플라스틱 연료 탱크를 사용해 중량을 줄였고, 경량화를 통해 연비는 높이되 배기가스 배출량은 크게 줄인 데다 전체 부품의 85%를 재활용 가능하도록 해 수출할 선진국의 환경 규제에 대비하는 등 이전 모델들과는 차별화되는 점이 아주 많았거든.

수출용 엑센트는 또 하나의 국내 최초를 실현했어. 차 모양이 '세미 노치백(Semi Notch Back)' 스타일이었지. 세미 노치백이란 차의 뒷모습이 쏘나타 등 일반 세단처럼 단이 있는 노치백과 프라이드처럼 단이 없는 해치백의 중간 형태야. 이뿐 아니라 뒤쪽 유리에도 와이퍼를 달고, 짐을 싣기 편하도록 뒷좌석을 접이식으로 만들었으며, 히터 조절 장치를 다이얼식으로 하는 등 기존 4도어 승용차보다 편의성을 한층 더 강조했지.

수출은 얼마나 됐느냐고? 엑센트는 1996년 상반

* ABS(Anti-lock Brake System) 자동차가 급제동할 때 미끄러짐과 바퀴 잠김 현상을 방지하기 위해 개발된 특수 제동 장치.

기까지 12만 6,452대로 당시 국내 최다 수출을 기록했고, 같은 해 미국과 서유럽에서 국산 승용차 가운데 판매율 1위를 차지하며 '베스트셀러 카'로 자리 잡았어. 서유럽에서는 1995년에 이은 2년 연속 선두

• 완전 독자 기술로 개발한 국내 첫 자동차, 현대 '엑센트'

였지. 참고로 엑센트와 함께 미국 및 서유럽에서 판매 순위를 다툰 국산 승용차로는 현대의 '엘란트라', 기아의 '아벨라'와 '세피아', 대우의 '넥시아'와 '에스페로' 등이 있어.

여기서 선우야, 중요한 것 하나를 짚고 넘어갈 필요가 있겠다. 1990년대에 이룩한 자동차 수출의 성과에 대해서 말이야. 엑센트를 중심으로 한 1990년대의 수출 호조는 수치로도 그 의미를 환산할 수가 있어. 1976년 포니로 본격적인 수출을 시작한 후 20년 만인 1996년, 우리나라가 일본, 독일, 프랑스, 미국에 이어 '자동차 100만 대 수출 국가' 대열에 합류했거든. 이로써 완성차를 수출하는 자동차 산업 5대 강국이 됐지. 당시 수출된 자동차는 승용차가 87%(95만 422대), 상용차가 12.7%(13만 8,240대)로 승용차의 수출 비중이 압도적이었어. 그리고 이 추세를 무섭게 이어가 1999년에는 자동차 수출 누계 1천만 대를 돌파했어. 수출량이 3년 만에 10배나 껑충 뛴 거야. 세계에서는 아홉 번째로 자동차 수출 1천만 대를 달성한 나라가 됐지. 이 얼마나 믿을 수 없을 만큼 놀라운 발전이니!

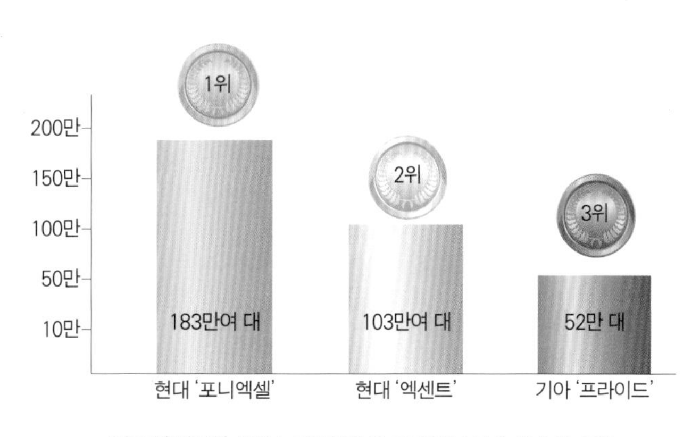

1999년 자동차 수출 누계 1천만 대 돌파 당시 국산 차 수출 순위

신모델도 많고 수출도 활발했는데, **그 많은 자동차**를 어디서 어떻게 **다 만들어냈어요?**

당연히 대량생산이 가능한 공장에서 만들어냈지. 1980년대부터 수출이 급격히 늘어나고 자동차의 대중화로 인한 국내 수요 역시 급증하면서 자동차업체들이 대량생산을 위한 대규모 공장 건설을 시작했거든. 현대자동차의 공장 규모가 가장 컸고, 기아와 대우가 그 뒤를 이었어.

하지만 생산 능력을 꾸준히 늘려왔음에도 이걸로는 갈수록 늘어나는 내수와 수출 물량 속도를 맞추기가 역부족이었어. 급기야 우리나라 전체 자동차 생산 규모가 아닌, 하나의 공장에서 무려 100만 대를 생산할 수 있는 곳이 생겨났지. 그걸 실현한 곳은 현대자동차였어. 현대는 1994년 국내 자동차업체 최초로 100만 대 생산 규모를 달성했는데, 정확하게는 승용차, 버스, 트럭, 특장차를 합쳐 총 113만 4,611대를 생산할 수 있는 수준이었어. 종합 자동차업체로서의 체제를 확실히 갖췄던 셈이야.

현대자동차는 생산 규모뿐 아니라 공장 내 자동화율도 차츰 높여나갔는데, 1990년 프레스 및 차체 공장의 자동화율이 90% 이상이었어. 차체 공장의 경우는 최대 97%까지 자동화가 가능했고. 승용차 수출을 맨 먼저 시작해 많은 차를 수출한 만큼 생산 규모도 빨리 확대해나갔지. 1989년 자동차공업 합리화 조치가

해제되면서 다양한 차종을 생산할 수 있게 된 것도 원동력이 됐어.

앞에서 여러 번 강조했지만 현대자동차는 세계 자동차 시장에서 개발도상국의 후발 업체였음에도 불구하고 유례없이 과감하게 고유 모델 개발을 감행했고, 또 그것을 성공시켰으며, 일찌감치 해외시장에 눈을 돌려 수요 시장을 확보했잖아. 현대가 국내 자동차업체 중 가장 먼저 생산 능력을 확대한 것도 그런 행보의 연장선상이라 볼 수 있지. 여기에는 '해외 모델 도입'이라는 편하고 안전한 길을 놔두고 위험부담이 큰 '고유 모델 개발'의 길을 선택했던 도전 정신도 한몫했을 거야. 그 결과 현대자동차는 1993년 GM의 투자사인 독일의 오펠을 제치고 세계 13위의 자동차 생산업체가 됐지.

한편 기아는 합리화 조치 해제 이후 승용차 생산을 재개하면서 생산 능력이 더욱 확대됐어. 1987년 당시만 해도 월드카인 프라이드 생산공장을 신설해 승용차와 상용차를 합쳐 총 30만 대 규모였는데, 이후 계속 공장을 증설한 결과 1995년엔 총 85만 대의 자동차 생산 능력을 갖추게 됐지.

현대와 대우가 생산 능력을 꾸준히 확대해나갔다면, 대우는 점진적 확대 후 1990년대에 급진적으로 생산 능력을 확보했어. 1987년 월드카 르망 생산을 위해 전용 공장을 건설하고, 여기에 상용차 공장을 더해 생산 능력이 총 30만 대였는데, 1990년대 신모델 출시가 늘어나면서 1997년에 약 90만 대의 생산 능력을 갖추게 됐지. 이 과정 중 대우중공업이 생산하던 상용차가 대우자동차로 넘어온 것도 생산 능력 확대에 도움이 됐어.

국내에서만 자동차를 **생산**했어요?

시장 다변화 추진 당시 기아가 최초로 KD 수출을 했다는 얘기 기억나니? 1990년대 중반부터는 KD 수출을 포함한 해외 현지 생산도 본격화됐어. 국내에

서의 생산 규모와 비교하면 턱없이 적은 수준이었지만, 여기에는 생산 능력 확보 외에 다른 목적이 더 컸기 때문에 의미가 없진 않아.

말했다시피 KD 수출을 제일 먼저 시작한 건 기아였어. 이전까지는 우리나라가 해외 선진 업체들에 의해 KD 생산을 해왔는데, 기아가 새로운 수출 형태의 장을 연 거지. 목적은 수출 현지의 관세 장벽을 낮추고 수출을 늘리는 거였어. 그래서 주요 수출국도 관세가 높고 일본 자동차가 강세였던 아시아와 아프리카였지. 기아는 1989년 3월 포드의 대만 자회사인 포드리오호를 통해 대만에서 프라이드 생산을 시작했어. 이게 우리나라 첫 KD 수출이자 해외 현지 생산이야. 이후 기아는 이란, 파키스탄, 말레이시아 등으로 지역을 확대하고 1995년에는 독일의 카만사와 '스포티지' 조립 계약을 맺었지. 이로써 기아는 8개국에서 약 16만 대의 해외 현지 생산 규모를 갖추게 됐어.

그런데 해외 현지 생산을 먼저 추진한 건 현대였어. 캐나다의 브로몽 공장을 통해 KD 수출을 타진하고 있었는데, 생산 규모가 컸던 탓에 본격적인 생산은 기아보다 4개월 늦은 1989년 7월부터 시작됐지. 하지만 현대는 1993년 말 브로몽 공장 가동을 중단했어. 현지에서의 판매가 부진했고, 공장 입지를 선정하는 데 문제가 있어 생산비가 높아졌거든.

이를 계기로 현대는 해외 현지 생산에 대한 전략을 바꿨어. 생산 규모를 줄이되 수입 장벽을 피해가면서 KD 수출을 늘리는 쪽으로 말이야. 장기적으로는 개발도상국에서 선진국으로 지역 수준을 높이고, 단순 KD 조립에서 완전 현지 생산으로 하는 걸 꿈꿨지. 그 시작은 1993년 태국에서였어. 거기서 포니엑셀과 엘란트라를 생산했고, 이후 자동차 수입이 제한돼 있던 중남아프리카의 짐바브웨와 보츠와나에서 현지 생산을 시작했어. 필리핀, 인도네시아, 베트남 등지에서 1~2만 대의 소규모 생산으로 아시아 시장을 공략하기도 했지. 1997년에는 5만 대 생산을 목표로 터키에 진출했고 말이야. 최종적으로는 11개국에서 17만 대의 생산 능력을 확보했어.

한편 대우는 현대와 기아에 비해 해외 현지 생산이 많이 늦었어. 하지만 그 어떤 업체들보다 눈에 띄는 행보를 보였지. 1995년부터 중국, 인도, 인도네시아에서 공장을 가동하며 시작했는데, 특히 인도의 현지 생산에 적극적이었어. 중국 다음으로 세계 2위의 인구수를 자랑하는 데다 1991년 경제자유화 정책과 신자동차 정책이 발표돼 해외 각국이 강한 투자 의욕을 보였고, 1993년부터는 자동차 시장까지 눈에 띄게 성장하고 있었거든. 세계 주요 자동차업체들이 앞다투어 진출하는 가운데, 대우 역시 인도의 자동차 시장이 갖고 있는 잠재력을 놓치지 않았던 거야. 초창기에 2만 5천 대의 생산 능력으로 인도 현지 생산을 시작했다가, 수요가 많아지자 2년 후인 1997년에는 16만 대까지 늘렸어.

대우는 또 동유럽 지역에 집중 투자하면서 세계의 시선을 집중시켰어. 동유럽 국가들의 현지 공장들을 차례차례 인수한 끝에 10개국에 걸쳐 83만여 대의 생산 능력을 갖추고 1996년 생산을 시작했지. 현대나 기아의 해외 현지 생산 규모에 비해 월등히 높은 수준이었어. 여기서 대우의 해외 현지 생산 전략의 특징이 드러나. 현대와 기아처럼 공장을 새로 건설하기보다 현지 공장을 인수했다는 점이야. 공장을 건설한 곳은 한 곳뿐이었지. 여러 가지 이유가 있었겠지만 무엇보다 혹시 모를 피해를 최소화하기 위한 게 아니었나 싶어.

참고로 덧붙이자면 가장 먼저 동유럽에 진출한 곳은 현대였어. 현지 생산이 아닌 자동차 수출로 말이야. 1990년 유고슬라비아, 헝가리, 폴란드 그리고 소련에까지 자동차를 수출했고, 동유럽 진출 첫해에 약 1만 대의 수출 실적을 얻었지.

아무튼 우리 자동차업체들이 이처럼 국내외를 넘나들며 생산 능력을 확보한

결과, 우리나라는 1993년 자동차 생산 200만 대를 돌파하고, 1995년 250만 대를 돌파하며 세계 5위의 자동차 생산국으로 떠올랐어. 1988년 100만 대 돌파에 이은 7년 만의 쾌거였고, 쇠망치로 드럼통을 두드려 펴 만든 최초의 국산 차 '시발'이 등장한 지 40년 만의 일이었어. 이만한 고속 성장이 또 있을까 싶어. 자동차업계들의 그동안 노력이 빛을 발하며 대한민국 자동차 산업의 성장 수준을 전 세계에 알렸던 거지.

1990년대가 우리나라 자동차 산업의 첫 번째 황금기였나 봐요.

맞아. 우리나라 자동차 산업 역사에 있어 1990년대가 가지는 의미는 매우 커. 1980년대 후반에 닦아둔 기반을 바탕으로 다양한 차급과 차종의 새로운 고유 모델들이 무더기 탄생했고, 200만 대 생산 체제 구축과 자동차 생산 100만 대 생산 업체가 등장하며 세계 5위의 자동차 생산국으로 진입, 자동차 수출 1천만 대를 달성했으니 말이야. 특히 기술 개발을 꾸준히 해오던 중에 풀 라인업 체제의 대량생산이 가능해지면서 양적 발전과 질적 발전이 동시에 이뤄졌지. 차종이 다양해지고 수출이 활발해지면서 이전까지와는 다른 차원의 해외 진출도 진행됐어. KD 수출 및 해외 현지 생산이 시작된 거야. 이 덕분에 우리 자동차업계는 생산 규모를 더욱 확장하게 된 건 물론, 관세 등 수입 장벽의 문턱을 좀 더 쉽게 뛰어넘을 수 있었지.

사실 1973년 장기자동차공업진흥계획이 시작된 이래 우리 자동차업계는 줄곧 많은 걸 꿈꿔왔어. 자동차를 우리나라 제일의 수출 품목으로 만들어 100만 대 수출을 달성하고, 미국 시장에 진출하며, 자동차의 대중화를 통한 국내 시장 100만 대 돌파, 자동차 생산 대수 200만 대 돌파 등이 있었지. 그런데 불과 20여 년 만에 이 모든 걸 이뤄낸 거야. 당시에는 생각지도 못했던 세계 자동차 생산국 5위에까지 오르면서 말이지. 심지어 목표를 훌쩍 뛰어넘은 일도 있었어. 1999년에는 수출 누계 1천만 대를 돌파했잖아.

우리 자동차 산업이 이 정도의 비약적 발전이 가능했던 건 뭐니 뭐니 해도 기업들의 적극적인 노력 덕분이었어. 현대가 주도적으로 앞서갔고, 기아와 대우도 이후 높은 기여도를 보이며 함께했지. 하지만 계속 발전해오는 과정에서도 현대, 기아, 대우, 이 3사는 현재에 안주하지 않았어. 'GT-10(Global Top-10) 전략'을 추구하며 세계 10대 자동차회사로의 발돋움을 꿈꿨지. 이를 위해 각 기업이 내건 계획들에는 공통점이 있었는데, 모두 생산 능력과 기술 투자를 더욱 확대한다는 거였어. 회사별로 조 단위의 막대한 자본을 투입하면서 말이야.

아, 참, 선우야. 1990년대에 세계인이 우리 자동차를 알아보게 된 또 하나의 계기가 있어. 1995년 5월 4일부터 일주일간 코엑스에서 열린 우리나라 최초의 모터쇼야. 모터쇼는 세계 각 자동차회사들이 새로운 디자인과 기술을 갖춘 자동차들을 선보이는 국제적인 자리인데, 현재 가장 잘 팔리는 차뿐 아니라 향후

•'제1회 서울 모터쇼' 현장

3~4년 안에 나올 자동차도 콘셉트카 형태로 미리 공개돼.

1995년 '제1회 서울 모터쇼'에는 우리나라를 비롯한 미국, 독일, 프랑스 등 7개국 202개의 완성차 및 부품업체가 참가했어. 우리나라 완성차업체들은 승용차와 상용차는 물론 콘셉트카까지 다양하게 출품한 반면, 해외 업체들은 승용차만 출품했지. 모터쇼를 처음 구상했던 1992년 국내 모터쇼로만 기획했는데, 미국과 서유럽 자동차회사들이 승용차에 한해 참여를 요구하는 바람에 3년 후 국제 모터쇼로 확대 개최된 거였거든.

어쨌든 모터쇼는 성공적이었어. 당시 대전엑스포 다음으로 큰 이벤트였던 이 행사에서 약 600명의 내외신 기자들이 열띤 취재 경쟁을 벌였고, 예상 인원 50만 명을 훌쩍 뛰어넘은 약 70만 명의 관람객이 다녀갔지. 하루 평균 10만 명이 다녀간 셈이야. 자동차에 대한 국민들의 관심이 어느 정도였는지를 보여준 대목이기도 해.

2013년 세계 10대 자동차회사 

미국의 경제지 〈포브스(Forbes)〉가 2013년 세계 10대 자동차회사를 발표했다. 단순 매출로만 순위를 정한 것이 아니라 해당 기업의 이익, 자산, 시장 가치 등을 종합한 결과이기에 더욱 신뢰가 간다. 순위는 다음과 같다. 1위 독일 '폭스바겐', 2위 일본 '토요타', 3위 독일 '다임러', 4위 미국 '포드', 5위 독일 'BMW', 6위 미국 'GM', 7위 일본 '닛산', 8위 일본 '혼다', 9위 대한민국 '현대기아', 10위 중국 '상하이'다.

이는 모터쇼의 개최 목적을 달성하는 데도 부족함이 없는 결과였어. 세계 여러 나라가 모터쇼를 개최하는 이유는 자동차의 대중화가 진행됨에 따라 소비자들의 수요 성향이 어떻게 변화하는지를 살펴 그에 능동적으로 대응하며, 세계 자동차 산업의 흐름을 읽고 기술 혁신을 거듭해 국제경쟁력을 높이는 데 있거든. 일반인들과 국내외 언론들의 관심을 받으며 성황리에 개최됐으니 성공적이었다 할 만하지. 미국의 자동차 전문지 〈오토모티브뉴스(Automotive News)〉의 한국 특파원은 '이번 모터쇼가 도쿄나 프랑크푸르트가 아니라 자동차 중진국인 한국에서 열린 만큼 이에 걸맞은 모터쇼로 보면 적절할 것'이라면서 '처음 여는 모터쇼로서 이 정도의 출발은 성공적'이라고 평가했어.

'제1회 서울 모터쇼'는 우리나라 자동차 산업 역사에서도 의미가 꽤 커. 1995년 당시는 자동차의 대중화와 함께 국내 자동차 보유 대수가 800만 대에 다다르고 있었음에도 자동차를 매개로 한 문화적 요소들이 거의 없었는데, 모터쇼가 일종의 문화적 충격을 일으켰거든. 일례로 이전까지는 성능에 관계없이 무조건 큰 차만 선호하던 소비자들이 이 모터쇼를 통해 자동차의 성능과 기술에 눈을 뜨게 됐지. 국산 차가 외국 차들과 한자리에서 기술의 우열을 겨루는 모습을 처음 목격했으니 말이야. 이로써 우리 자동차 문화도 한 단계 성숙해졌어.

한편 '서울 모터쇼'는 이듬해 세계자동차공업연합회(OICA)로부터 공인을 받아 1997년 '제2회 서울 모터쇼'부터는 국제 모터쇼로 개최되고 있어.

외국 영화에 출연한 우리 자동차들

우리나라 자동차가 외국 영화에 처음 등장한 건 1996년 〈폴리스 스토리 4–간단 임무〉에서였다. 그 주인공은 현대자동차의 미니버스 '그레이스'. 이후 출연이 꽤 뜸하다가 2003년 〈이탈리안 잡〉에 '싼타페'가, 〈분노의 질주 2〉에 '티뷰론'이 엑스트라처럼 스쳐 지나갔다.

우리 차가 가장 오랜 시간 등장하며 강렬한 인상을 남긴 영화는 뭐니 뭐니 해도 〈본 슈프리머시〉다. 맷 데이먼 주연의 '본 시리즈' 중 두 번째 작품인 이 영화에는 현대자동차의 '뉴EF쏘나타'가 초반 추격전에서 거의 10분간이나 질주한다. 심지어 '뉴EF쏘나타'를 쫓아가던 맷 데이먼은 이런 대사까지 말한다. "진짜야! 저놈이라고, 현대 차!"

사실 현대자동차의 '쏘나타' 시리즈는 외국 영화에 가장 많이 출연한 국산 차로 알려져 있다. 키아누 리브스 주연의 2000년 개봉작 〈왓쳐〉와 윌 스미스 주연의 2003년 작 〈나쁜 녀석들 2〉에 '쏘나타'가 등장했고, 2004년 영화 〈무간도〉에서는 '엘란트라'와 함께 스치듯 지나갔다. 톰 크루즈 주연의 2005년 영화 〈우주전쟁〉에서는 톰 크루즈가 외계인이 쏘는 광선을 피해 도망가는 장면에서 '뉴EF쏘나타'가 길가에 세워져 있다. 2007년 〈디스터비아〉와 2008년 한국말 강습 장면으로 화제가 됐던 짐 캐리 주연의 〈예스맨〉에는 'NF쏘나타'가 나오고, 2010년 아카데미시상식에서 작품상, 감독상, 각본상 등 6개 부문의 상을 휩쓴 〈허트 로커〉에는 이라크 무장 세력의 폭탄이 설치된 차로 'EF쏘나타'가 출연한다.

'쏘나타' 외에 다른 국산 차들의 활약도 꾸준하다. 2006년 〈악마는 프라다를 입는다〉에서는 메릴 스트립의 과한 심부름에 정신없이 차도를 건너는 앤 해서웨이 옆으로 '싼타페'가 스쳐 지나가고, 〈퍼니셔 2〉에는 '아반떼'와 '베르나'가 출연하며, 톰 행크스 주연의 2009년 영화 〈천사와 악마〉에는 '베르나', '카니발', '싼타페'가 차례차례 등장한다. 그리고 2010년 〈인셉션〉에는 '제네시스'가 나온다.

06

IMF 외환위기가 우리 자동차 산업을 구조조정했다고요?

비약적으로 발전해나가던 우리 자동차 산업은 1990년대 후반 또 한 번 뜻하지 않은 위기를 맞는다. 이른바 'IMF 사태'. 하지만 자동차업계는 여러 어려움과 구조조정의 진통을 오히려 새롭게 나아가는 계기로 삼았다. 수출과 신차종 개발에 주력했고, 마침내 300만 대 생산을 돌파하며 산업을 더욱 탄탄하게 만든 것이다. 온 국민이 금반지 모아 나라를 구하던 그 시절, 거센 폭풍 속에서 되살아나며 한층 성숙해진 우리 자동차 산업의 전화위복기.

자동차회사도 퇴출 대상이었어요?!

"아빠, 그런데 1990년대 말이면 우리나라에 큰 위기가 있었잖아요. IMF 체제 때문에요."

"어, 맞아. 그때 너는 아기였는데, 어떻게 알아?"

"사회 시간에 배웠어요. 책에서도 봤고요."

"그랬구나. 그런데 IMF는 갑자기 왜?"

"1990년대 자동차 산업 이야기를 쭉 듣다 보니까 생각나서요. IMF 외환위기 때문에 영향을 많이 받았을 것 같아요."

"물론 그랬지. 자동차 산업뿐 아니라 나라 전체가 위기였으니까. 오죽하면 '국가 부도 위기'라는 말이 나왔겠니. 우리나라가 IMF 관리 체제하에 들었던 건 아빠가 전에 말한 '경부고속도로 개통', '현대자동차의 국산 고유 모델 포니 생산'과 더불어 '한국 경제를 뒤흔든 20대 사건' 중 하나야."

"그럼 그때 이야기 좀 들려주세요. 대략적인 건 알지만 자동차 산업과 관련해서 더 자세히 알고 싶어요. 아빠 얘기가 재미있기도 하고요."

"하하. 그래? 이거, 기분 좋은데! 그럼, 좋아. 우선 IMF가 뭔지는 알지? 국제통화기금(International Monetary Fund). 세계 무역 안정을 위해 1945년에 설립된 국제 금융기구지. 본부는 미국 워싱턴에 있고, 2011년까지 가입된 국가는 총 188개국. 우리나라는 1955년에 58번째 회원국으로 가입했어. 우리나라가 IMF 외환위기를 맞게 된 데는 여러 가지 이유가 있지만, 오늘은 큰 틀에서 대략적인 것만 먼저 설명해줄게.

너도 알다시피 우리나라는 세계에서 유례가 없을 만큼 엄청 빠른 속도로 경제 성장을 해왔잖아. 그 과정에서 외국 자본을 많이 들여왔지. 하지만 관리 방법이 미숙했어. 외환이 점점 줄어들면서 기업들이 차례로 부도를 맞았지. 자연히 실업자가 늘어났고, 가정경제까지 파탄이 났어. 쉽게 말해 나라와 기업과 가정이 마치 도미노처럼 줄줄이 무너진 거야. 결국 정부는 IMF에 구제금융을 신청했지. 선우 네가 태어나기 전인 1997년 11월 21일의 일이야. IMF 관리 체제하에 있는 동안 우리나라는 몇 가지 조건을 제시받았어. 대표적인 걸 몇 가지 들자면 고금리, 긴축재정, 부실기업 퇴출, 시장의 완전 개방 등이야."

"퇴출 대상인 부실기업 중에 혹시 자동차회사도 있었어요?"

"물론 있었지."

그전까지 **우리 자동차회사들**은 모두 잘하고 있었잖아요. 수출도 많이 했고요. 그런데 **왜 사라졌어요?**

* **구조조정** 기업의 불합리한 경영 구조를 개편해 경제적 효율성을 높이는 일. 영어로는 'business restructuring'이라 한다. 'restructuring'이라는 단어가 '구조조정'이라는 의미로 쓰이기 시작한 건 1981년 미국 레이건 대통령의 경제정책에서부터이고, 국내에서는 1997년 IMF 관리 체제하에서 본격적으로 사용됐다.

그래, 네가 이해 안 될 만도 하다. 그런데 산업을 키워나가는 과정에서 생산 시설 확충과 기술 개발, 해외시장 개척에 막대한 자본을 들였던 게 당시 외환위기와 맞물리면서 문제가 불거진 거야. 자동차업체들이 해외 자본에 많이 의존하고 있었거든. 아빠가 먼저 얘기했던 거 기억나지? 1990년대 말 우리나라 자동차업체들이 세계 10권 진입을 목표로 엄청난 자본 투입을 계획하고 있었다는 거 말이야. 그래서 제일 먼저 정부 차원의 대대적인 구조조정*이 있었어.

그럼 이제 본격적으로 IMF 관리 체제하에서의 우리나라 자동차 산업에 대해 이야기해볼까? 어떤 일이 있었고, 어떻게 극복해왔으며, 이후 어떤 방향으로 새로운 발전을 모색했는지 말이야.

아까 IMF 관리 체제하에 사라진 자동차회사가 있느냐고 물었지? 사라졌다기보다 매각, 인수, 합병된 회사가 많았어. 사라졌다는 건 이름 자체가 남아 있지

IMF 관리 체제하의 구조조정, '정리해고'라는 새로운 법을 만들다

1998년 2월에 열린 제1회 노사정위원회(경제 주체 및 이해관계 당사자인 노동자, 사용자, 정부 간의 협의체)에서 '정리해고제' 도입이 합의됐고, 이에 따라 노동법 개정을 통해 정리해고제가 명문화됐다.
정리해고제란 '긴박한 경영상의 이유'가 있을 때 기업이 일부 직원과의 고용 관계를 종료할 수 있도록 하는 조치다. 단, 기업이 정상 경영을 위해 노동력 외 다른 부문에서 비용 절감 노력을 했음에도 상황이 나아지지 않을 경우에만 행하도록 하는 것이 원칙이다. 노동 시장이 유연하고 회사와 직원 간의 관계가 계약으로 맺어져 있는 유럽과 미국에서는 매우 자연스러운 현상이지만, 회사와 직원을 한식구로 인식할 만큼 유대 관계가 강력하고, 정년퇴직이 보장되는 '종신고용제'를 당연시하는 우리나라나 일본 등지에서는 반발이 많다. 한편 정부는 '정리해고'라는 단어가 적절하지 않다며 '고용조정'으로 부르도록 하고 있으나, 이를 따르는 사례는 많지 않다.

않다는 건데, 그렇진 않거든.

우선 기아자동차를 얘기해볼까. 기아는 IMF 관리 체제에 들어가기 전인 1997년 7월 이미 부도를 맞았어. 기아의 처리를 놓고 정부와 채권단이 여러 차례 회의와 조정을 거듭했지만, IMF 사태가 터지는 바람에 모두 무산됐지. 이후 세 차례의 국제 경쟁 입찰이 있었고, 1998년 11월 현대자동차가 기아를 인수했어.

현대자동차는 기아자동차 인수 후 두 회사를 이원화시키되, 총괄 운영은 자동차 부문 기획조정위원회가 맡고, 연구개발 부문은 회장 직속으로 통합 운영했어. 그리고 서비스와 판매를 담당하던 현대자동차서비스와 지프형 승용차를 생산하던 현대정공을 합병했지. 기아자동차는 기아자동차, 아시아자동차, 기아자동차판매, 아시아자동차판매, 대전판매 등 다섯 회사를 묶어 기아자동차로 통합시켰고. 이렇게 되자 엄청난 시너지 효과가 나타났어. 제품 개발, 판매, 부품 조달 등 모든 부문이 하나의 회사 안에서 가능해졌을 뿐 아니라 두 회사의 생산 플랫폼이 합쳐지면서 차별화된 모델을 개발하고 생산할 수 있게 됐거든. 비용 절감 효과도 어마어마했어.

삼성자동차는 자동차 시장 진입 초기부터 매년 1조 원 이상을 시설 투자에 쏟아붓는 바람에 IMF 사태가 터지기 전, 이미 부채가 급증해 있는 상태였어. 승용차 생산을 시작하고부터는 영업망 확충을 위한 부채까지 더해졌지. 게다가 생산 및 판매 실적이 투자 비용에 한참 못 미쳐 손실이 엄청났어. 이에 정부가 나서서 대우그룹과의 빅딜*을 추진했어. 삼성그룹이 대우그룹의 가전 사업을 인수하는 대신, 삼성그룹의 자동차 사업을 대우그룹에 매각하기로 한 거야. 하지만 두 회사의 의견은 좁혀지지 않았고, 삼성이 1999년 6월 법정관리*를 신청하면서 빅딜은 백지화되고 말았지. 그 과정에서 삼성그룹 이건희 회장은

* 빅딜(Big Deal) 말 그대로 '덩치가 큰 거래'. 정부가 국내 산업의 경쟁력을 높이기 위해 대기업 간의 대형 사업을 맞바꾸는 것으로, 정부의 기업 구조조정 수단이다. 우리나라에는 IMF 구제금융 신청 직후 새롭게 등장한 용어다.

* 법정관리 부도를 내고 파산 위기에 처한 기업이 회생 가능성을 보이는 경우, 법원의 결정에 따라 법원에서 지정한 제3의 법정관리인이 자금과 경영 등 기업활동 전반을 책임지는 제도. 실정법상 정확한 용어는 '회사정리절차'다.

* 워크아웃(workout) 부도 및 파산 위기에 처한 기업 중 회생 가치가 있는 기업을 살려내는 작업. 기업과 금융기관 간의 협의로 이뤄진다. 채권 금융기관들이 채권단을 구성해 기업의 경영 상태를 조사한 후 워크아웃 여부를 결정하고, 회생 가능성이 없다고 판단되면 법정관리 또는 파산 절차를 밟게 된다.

2조 8천억 원의 개인 자산으로 부채를 청산했어. 1995년 3월 설립 이후 4년 만에 자동차 사업에서 퇴출 위기에 놓였던 삼성자동차는 결국 2000년 9월 프랑스의 르노자동차에게 인수됐어. 이후 '르노삼성자동차'로 새롭게 출발했지.

한편 대우자동차는 그동안 외국 자본에 의존하며 국내외 투자를 무리하게 확대해온 데다 1997년 당시 부채 비율이 무려 720%에 달해 IMF 사태 이후 걷잡을 수 없는 위기에 봉착했어. 그럼에도 자구적인 노력은 거의 하지 않았지. 주요 채권 은행과의 재무 구조 개선 약정을 통해 계열사를 41개에서 10개로 축소하기로 하고, 대우상용차와 대우중공업 국민차 부문을 대우자동차로 통합한 게 전부였어. 이후 삼성그룹과의 빅딜이 추진됐지만, 무산되는 바람에 10조 1천억 원의 김우중 회장 보유 자산을 담보로 내놓고, 대우그룹의 자동차 부문과 무역 부문을 제외한 모든 계열사를 매각하기로 결정했어. 재계 서열 3위의 그룹이 사실상 해체의 길로 들어선 거지. 하지만 이마저도 진행이 어려워지자 대우는 1999년 8월 워크아웃*을 거쳐 법정관리에 들어갔어. 대우자동차의 처리 문제를 놓고 고심하던 정부는 결국 해외 매각을 추진했고, 최종적으로 2001년 9월 미국의 GM이 대우를 인수했지.

쌍용자동차 역시 적자 누적과 부채 상환 불능 등으로 경영이 어려워지자 결국 매각을 결정했어. 1998년 1월 대우그룹에 흡수됐지. 이미 부채 비율이 어마어마했던 대우가 어떻게 다른 회사를 인수했느냐고? 이건 대우가 무너질 수밖에 없었던 이유와 일맥상통해. SUV 차량에 대한 국내 수요가 증가하자, 이를 갖고 있던 쌍용자동차를 인수해 제품을 다양화하고 국내 시장을 확보한다는 게 당시 대우 측의 계획이었거든. 자금난에 허덕이고 있었으면서도 말이야. 하지만 대우는 2년 만에 쌍용자동차를 그룹에서 분리해버렸어. 먼저 얘기했다시피 그룹을 해체시킬 만한 위기 상황이었으니까.

2000년 4월 대우그룹에서 분리된 쌍용자동차는 이때부터 독자적으로 기업을 개선해나가는 한편, 해외 매각을 추진했어. 우선 채권단의 지원 아래 경영 혁신 운동을 전사적으로 펼치면서 기업의 경쟁력 향상에 주력했지. 그 결과 이듬해 7월, 처음 적자를 맛본 이후 10년 만에 흑자로 돌아섰고, 그때부터 경영 상태가 빠르게 정상화됐어. 여기에는 몇 가지 요인이 있었는데 주효했던 것만 꼽자면, 쌍용의 주력 제품이자 오랜 효자 상품인 다목적형 승용차의 수요가 급격히 늘어나면서 매출도 함께 늘었고, 그동안 대립해오던 노조 측이 회사의 구조조정 내용에 동의하면서 기업 개선 작업이 순조롭게 추진됐기 때문이야. 그리고 2005년 1월, 채권단은 쌍용에 대한 공동 관리 절차를 모두 종료했어. 동시에 쌍용은 중국의 국영 자동차회사인 상하이자동차그룹에 매각되어 그곳 계열사로 들어갔지.

1998년부터 시작된 우리나라 자동차 산업의 구조조정은 2005년 쌍용자동차의 매각을 끝으로 마무리됐어. 기존 10개 회사 체제에서 7개 회사 체제로 바뀌었지. 그 과정에서 3개 회사가 통합됐고 2개 회사가 퇴출됐으며 2개 회사가 분할 및 추가됐어. 정리하자면 현대자동차그룹의 현대와 기아, GM대우, 르노삼성, 쌍용이 주요 5개 회사이고, 대우에서 분할된 대우버스와 대우상용차가 나머지 2개 회사야.

IMF 외환위기 때는 자동차도 잘 안 팔렸겠어요.

물론 당시는 나라 경제가 전반적으로 침체기였으니 모두가 허리띠를 바짝 졸라맸지. 하지만 정부와 기업, 온 국민이 힘을 합친 덕분에 그 기간은 그리 길지 않았어. 2001년 8월 23일 구제금융을 모두 상환하면서 IMF 관리 체제하의 외환위기에서 완전히 벗어났거든. 처음 예상했던 시기보다 3년이나 앞당겨진 거였어.

외환위기를 극복하고 나자 그동안 극도로 위축돼 있던 소비자들의 심리가 서서히 풀리기 시작했어. 기업들의 구조조정 덕분에 국내 경기도 회복세로 돌아섰지. 2002년 무렵에는 거의 예전 수준을 되찾았어. 그렇다고 예전처럼 흥청망청한다거나 과소비를 하는 분위기는 아니었어. 그런 성향은 자동차 판매에서도 잘 드러났지. 경차 판매가 급증했거든. 중형급 이상의 승용차를 선호하던 과거 모습과는 사뭇 달랐어.

이유는 아빠가 굳이 하나씩 짚어주지 않아도 짐작할 수 있을 거야. 소비 심리가 풀렸다고는 하지만 외환위기의 여파가 아직 남아 있는 상태에서 실질 소득이 감소한 데다 또 언제 닥칠지 모를 실업에 대한 불안감이 소비자들에게 은연중 남아 있었던 거지. 게다가 환율이 급상승해서 기름값 부담이 컸는데, 다행히 정부가 IMF 사태 전에 경차 지원책을 미리 내놓고 있었으니 반가울 수밖에. 자동차를 새로 구입하는 사람들은 자연히 경차로 눈을 돌렸지. 때마침 대우가 티코의 후속 차종으로 마티즈를 출시했던 상태라 경차 판매는 더욱 탄력을 받았어. 당시 마티즈는 디자인이 신선하고 크기도 기존보다 약간 커져 큰 인기를 끌었지. 지금까지 계속 업그레이드 출시되고 있다는 것만 봐도 알겠지?

이 시기에 나타난 소비자들의 자동차 수요 특성은 또 있어. 중고차 거래량이 신차 판매율을 앞질렀다는 거야. 국내에서는 처음 있는 일이었지. 1998년 기준으로 신차 판매 대수는 78만 대였는데, 중고차 판매 대수는 무려 119만 8천 대나 됐어. 신차 판매 대수에 대한 중고차 판매 대수의 비율이 1997년 83%에서 약

154%까지 뛰었지. 2002년에는 최고 190만 대까지 거래됐어.

2002년부터는 수입 승용차 판매도 급증했어. 국내 승용차 시장은 2003년 이후 2년 연속 크게 감소했는데도 이런 현상이 나타났다니, 이해가 잘 안 되지? 원인은 여러 가지가 있어. 우선 외환위기 이후 소비의 고급화가 나타났어. 자동차뿐 아니라 국내 소비 시장 전반에 걸친 변화였지. 이 시기 대형 TV와 냉장고, 해외 명품 브랜드의 매출이 급증했다는 게 그 사실을 증명해. 이런 추세가 자동차에서는 고급 차 위주로 구성된 수입 자동차의 판매로 이어진 거야. 이전까지는 부정적이었던 수입 자동차에 대한 소비자들의 인식에도 변화가 있었고 말이야. 국내 시장의 성장 가능성을 확인한 수입 자동차업체들이 매우 적극적이고 다양한 마케팅 전략을 펼친 것 또한 원인 중 하나야. 우리나라에 새로 진출한 수입 자동차업체도 이 시기에 많아졌어.

우리 자동차업체들은 어떻게 버텼어요?

다행스럽게도 수출이 다시 활기를 띠었어. 외환위기 이후 원화의 가치가 급격히 떨어지면서 가격경쟁력 면에서 도움을 받았고, 무엇보다 우리 자동차의 품질 경쟁력이 어느 정도 궤도에 올라섰거든. 제품의 종류도 다양했고 말이야. 너도 알다시피 그동안 우리 자동차업계는 기술 개발과 제품의 다양화를 꾸준히 진행해왔잖니. 중간중간 고비가 많았음에도 세계 시장에서의 경쟁력을 갖추기 위한 노력을 게을리하지 않았지. 그게 외환위기라는 먹구름이 걷히면서 또 한 번 빛을 발한 거야.

특히 1989년 이후 부진했던 미국 수출이 2000년대 들어 급속히 호전됐어. 2001년에는 미국 내 우리 자동차 판매 대수가 60만 대를 넘어섰지. 총 61만 8천 대가 팔렸어. 1986년 미국 수출을 시작한 지 15년 만에 최고 기록을 달성한 거야. 이 중 현대 차가 34만 6천 대로 가장 많았고, 기아가 22만 4천 대, 대우가 4만 8천 대였어. 현대는 1980년대 중반 이후 줄곧 우리나라 자동차 수출을 주도해온 만큼 이때도 계속 수출 순위 1위를 지키고 있었지. 아, 대우에게 1위를 내준 1998년 딱 한 번을 빼고 말이야. 대우가 주위의 우려에도 불구하고 무서우리만치 자동차 수출에 전력을 다해 마침내 성과를 본 시기거든. 아무튼 미국 시장에서의 이 같은 호조는 2001년 당시 미국 내 수입 자동차업체별 판매 순위에서도 고스란히 드러나. 전년도와 비교했을 때 현대가 4위에서 2위, 기아가 6위에서 5위로 올라섰지.

사실 이런 성과는 누구도 예상하지 못한 일이었어. 1980년대 말 미국 시장에서 품질에 대한 신뢰를 잃었을 때만 해도 그걸 회복하기까지는 엄청 오래 걸릴 거라는 분석이 지배적이었거든. 하지만 여러 번 말한 것처럼 우리 자동차업계는 그동안 품질 향상을 위해 무던히도 노력해왔어. 그 결과 미국 내 자동차 성능 시험에서 높은 평가를 받았고, 미국 소비자들이 언론을 통해 이 사실을 인지하게 되어 판매가 늘어났던 거지. 우리 자동차에 대한 미국 소비자들의 품질만족도 역시 꾸준히 상승했어. 소비자들을 대상으로 한 각종 블라인드 테스트에서 일본 차를 뛰어넘는 평가를 받았거든. 실제로 미국 언론들은 '한국 차가 가격에 비해 가치가 높다는 이전까지의 강점을 유지하고 있을 뿐 아니라, 이제는 절대적인 품질에서도 뒤지지 않는다'고 평가했어.

이게 다가 아니야. 우리 자동차업계는 마케팅에서도 과감하고 공격적인 전략을 펼쳤어. 대표적인 게 1998년 현대가 내놓은 '10년 10만 마일 보증'이야. 10년 동안 10만 마일 내로 주행한 자동차에 대해 무상 보증을 해주는 건데, 선진국의 자동차업체들에게서는 찾아볼 수 없는 파격적인 전략이었지. 이 전략은 미국 내에서 제대로 먹혔고, 그 증거로 현대자동차는 2009년 11월 미국의 광고 전문지 〈애드버타이징에이지(Advertising Age)〉가 선정한 '올해 최고의 마케터'가 됐어. 독자들을 대상으로 설문조사를 실시한 결과 월마트, 맥도날드, 아마존 등을 제치고 현대자동차가 총 40%의 표를 얻었거든.

• 2000년 현대자동차가 미국 시장을 겨냥해 출시한 SUV '싼타페'

현대는 '10년 10만 마일 보증' 외에도 할부 구매 후 1년 내에 실직할 경우 차량을 무상으로 반납할 수 있도록 하는 보장 프로그램, 인센티브 광고 대신 유류비의 일부를 1년간 지원해주는 프로그램 등을 마련해 이것을 광고와 언론을 통해 노출했고, 다른 업체들보다 몇 주나 빨리 미국 정부의 중고차 보상 제도에 대응하는 등 획기적인 전략들로 미국 내 경쟁사들을 긴장시켰어. 시시각각 변화하는 시장 상황과 소비자들의 심리에 빠르게 발을 맞춰 결국 시장의 흐름을 뒤바꿔놓은 거야.

한편 이 시기 수출이 활기를 띨 수 있었던 또 하나의 요인은 수출 주력 모델이 다양해졌다는 거야. 엑센트와 엘란트라 등 오랫동안 강세였던 소형차들의 인기가 계속되는 가운데, 2001년 이후부터는 다목적형 SUV와 대형급 승용차의 판매율이 크게 증가했거든. 수출의 안정성 면에서 매우 바람직한 변화였지. 특히 세계적인 수요의 붐을 타고 해외시장 개척에 절대적으로 유리하다고 판단해 일찌감치 개발됐던 SUV의 활약이 두드러졌어. 1990년대 후반 이후 미국 시장에서 SUV 수요가 급증한 덕분에 수출 시장을 확보할 수 있었고, 국내 시장에서도 판매가 폭증했으니까.

SUV 가운데 대표적인 모델은 현대자동차의 '싼타페'야. 현대는 미국 소비자들의 심리를 미리 파악하고 그들의 입맛에 맞추기 위해 디자인을 아예 미국에서 진행했어. 캘리포니아에 있는 현대의 디자인연구소와 국내 신제품 개발팀의 합작품이었지. 이 차를 처음 봤을 때 아빠는 올록볼록 장난기 가득한 운동화 모양 같다고 생각했는데, 바로 이런 특색 있는 외형이 미국인들은 마음에 들었나 봐. 싼타페는 2000년 출시 이후 생산량과 수출량이 꾸준히 상승 곡선을 그렸고, 2003년에는 15만 5천 대까지 수출됐어.

대형급 승용차로는 현대의 '뉴EF쏘나타'와 'XG300(국내에 출시명 '그랜저 XG'), 기아의 '옵티마'가 수출 효자 상품이었어. 1990년대 말까지만 해도 대형급 승용차가 수출에서 차지하는 비율은 많아 봐야 4.5%에 불과했는데, 2002년 이후 15% 안팎까지 큰 폭으로 증가했지. 현대와 기아가 품질 향상을 통해 고객만족도 및 브랜드 인지도를 함께 끌어올린 덕분이야. 실제로 미국의 마케팅정보회사 JD파워(JD Power and Associates)가 2001년에 실시한 고객만족도 조사 결과 현대와 기아가 미국 시장 내 중형급 승용차 순위에서 2~3위를 차지했고, 2004년 신차 초기 품질지수에서는 현대가 토요타에 이어 당당히 2위에 올랐어.

수출이 늘었으니 자동차 생산도 다시 활발해졌겠네요.

우리 선우, 이제 제법인걸. 산업의 흐름이 어느 정도 머릿속에 잡히나 봐. 그래, 네 말이 맞다. 수출이 다시 늘어나면서 자동차 생산력과 생산량도 회복됐어. 우리 자동차업계는 IMF 외환위기로 인해 구조조정이라는 쓰라린 고통을 경험했지만, 결과적으로는 그 덕분에 좀 더 안정적이고 효율적인 경영을 할 수 있었어. 국내 경기는 서서히 되살아났고, 자동차 수요가 자연스럽게 증가하더니 수출까

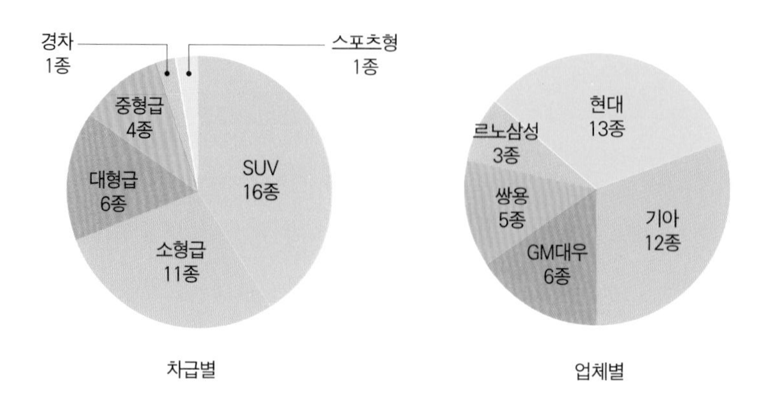

2005년 출시 신모델

지 늘어났지. 그리고 2000년, 예상보다 빨리 이전 수준의 생산력을 회복했어. 물론 선진국형으로 변화한 국내 수요가 이후 경기에 따라 상승 곡선과 하향 곡선을 번갈아 그리긴 했지만, 수출이 대체로 안정적인 증가세를 보여 생산력을 꾸준히 증가시킬 수 있었지.

2000년 우리나라는 자동차 생산 대수 300만 대를 돌파했어. 자동차공업진흥계획에 따라 개발된 첫 고유 모델 포니가 생산된 지 꼭 25년 만의 일이야. 정확하게는 총 311만 5천 대를 생산했는데, 이것으로 자동차 산업은 우리나라 주력 산업의 하나로 확실하게 자리매김하며 그 위상을 더욱 공고히 했지.

새로운 모델 개발 역시 구조조정 이전보다는 속도가 더뎠지만 꾸준히 늘어났어. 승용차 모델 수만 놓고 보더라도 1997년 29종이었는데, 그동안 10개의 신모델이 추가되면서 2005년 초에는 총 39종이 됐어.

그런데 이 시기 새롭게 출시된 모델들을 보면 한 가지 중요한 특징이 있어. 과거처럼 외국 자동차의 모델을 들여와 단순 조립하는 방식으로는 더 이상 승용차를 만들지 않았다는 거야. 우리의 자동차 개발 기술이 그만큼 발전해왔고 성장해 있었다는 뜻으로 볼 수 있지. 굉장히 바람직한 현상이었어.

우리나라 자동차업체들이 지나온 길을 되돌아보면 생산 대수는 계속 증가해 왔어. 생산량을 2배로 늘리기까지 평균 4년 정도 걸렸는데, 제2차 석유파동이나 IMF 외환위기 같은 세계적, 국가적 위기가 없었다면 그 기간이 좀 더 단축됐을지도 몰라. 사실상 1978년 10만 대 생산 돌파 후 20만 대를 넘어서기까지는 불과 1년밖에 안 걸렸고, 이후 1986년 50만 대를 돌파하는 데는 7년이나 걸렸는데, 그 사이 제2차 석유파동이 일어나 생산량이 급감했거든. 다시 생산에 박차를 가해 1988년 100만 대를 생산까지는 2년, 1993년 200만 대를 돌파하기까지는 5년이 걸렸어. 자동차의 대중화와 맞물리면서 생산량이 2배로 증가했지. 그런데 2000년, 그것의 1.5배에 불과한 300만 대 돌파까지는 무려 7년이나 걸렸어. 바로 IMF 외환위기 때문이었지.

하지만 이렇게 약진과 부진을 반복하면서도 우리나라 자동차는 생산량을 꾸준히 늘려왔고, 그 덕분에 국민 경제에도 도움이 많이 됐어. 실제로 자동차가 제조업에서 차지하는 생산액 비중이 1975년에는 2% 정도에 불과했지만, 2000년에는 약 10%까지 올라갔지. 이건 자동차 분야의 고용 인력도 그만큼 많아졌다는 뜻인데, 1975년 제조업의 약 1.5%에 불과했던 고용 인력이 2000년에는 약 7.7%까지 증가했어. 2001년 자동차 산업에 종사한 사람은 23만 4천 명이나 됐지.

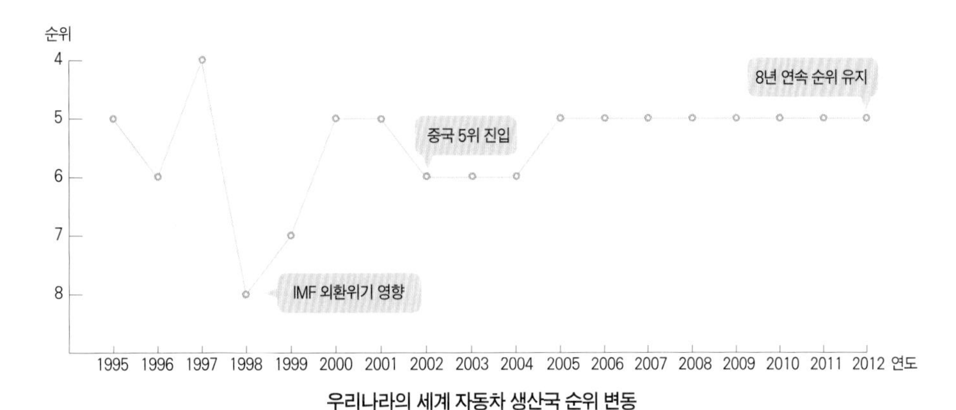

우리나라의 세계 자동차 생산국 순위 변동

IMF 외환위기를 슬기롭게 넘긴 것 같아요.

그렇지. 무슨 일이든 동전의 양면처럼 좋은 점과 나쁜 점이 공존하는 거니까. 마냥 좋기만 한 일도, 마냥 나쁘기만 한 일도 없어. 좋은 일이라고 생각했던 게 오히려 훗날 나쁜 결과를 낳기도 하고, 최악의 상황이라 여겼던 일이 시간이 흘러 결국 더 좋은 방향으로 나아가는 과정이었음을 깨닫게 되기도 하잖아.

IMF 외환위기도 마찬가지야. 당시에는 모두가 뼈를 깎는 고통을 겪었지만, 결과적으로는 어떠니? 자동차 산업만 보더라도 업체들이 이전까지의 오판과 실수들을 반성하고, 그걸 거울삼아 더 발전적이면서 더 나은 성과를 냈잖아. 특히 덩치 키우기에만 급급했던 기업들이 잔가지들을 잘라내고 구조를 전면 재조정한 게 가장 큰 계기가 됐다고 아빠는 생각해. 이 과정에서 우리 자동차 산업의 국제화도 자연스럽게 이뤄졌지. 국내 업체들이 해외 업체들에게 매각되면서 외국의 자동차회사들이 우리나라에 대거 진입했으니까 말이야.

기업 구조조정의 결과 국내 7개 자동차업체 중 현대, 기아, 대우버스를 제외한 나머지 4곳이 미국, 일본, 프랑스, 중국, 인도 등지의 자동차업체들과 함께했어. GM대우는 미국의 GM과 그 관계사인 일본의 스즈키, 중국의 상해기차, 르노삼성은 프랑스의 르노, 대우상용차는 인도의 타타모터스, 쌍용은 중국의 상해기차를 국내로 불러들여 각각 자본 투자를 받았지.

구조조정의 홍역을 치르지 않았던 현대는 일본의 미쓰비시, 독일의 다임러크라이슬러와 자본 및 기술 협력 관계를 맺어 국제화를 진행했어. 현대자동차그룹의 일원인 기아는 그 덕분에 간접적인 국제화를 이룰 수 있었고, 추가로 일본의 다이하쓰, 히노와 기술 제휴 관계를 맺었지. 한편 르노삼성은 일본의 닛산, 쌍용은 다임러크라이슬러와 기술을 제휴했어. 당시 외국 업체와 손을 잡지 않은 자동차업체는 대우버스뿐이었어.

이전부터 해오던 해외 현지 생산도 더 적극적으로 추진됐어. 특히 현대는 터키, 인도에 이어 중국 북경과 미국 앨라배마주까지 영역을 넓혔지. 반면 그동안 해외 현지 생산에 가장 적극적이었던 대우는 그룹 해체 이후 GM에게 매각되면서 베트남 공장만 남길 수 있었어.

이 시기는 우리 자동차 산업이 글로벌 경영 전략을 펼치기 시작한 때이기도 해. 선두로 나선 곳은 역시나 현대였어. 해외 현지 생산을 확대한 것도 그 전략의 일환이었지. 하지만 글로벌 전략을 전체를 놓고 보면 시작에 불과한 거였어.

현대가 글로벌 전략을 펼친 데는 여러 이유가 있어. 우선 국내 자동차 시장이 너무 좁았어. 연간 200만 대 판매 선을 넘기 어려웠지. 해외시장, 특히 판매 잠재력이 높은 개발도상국으로 눈을 돌린 것도 그 때문이야. 그런데 이보다 더 중요한 이유가 있어. 과거 단순 이동 수단에 불과했던 자동차가 움직이는 생활공간으로 서서히 변화되고 있다는 거였어. 안전성과 편의성이 무엇보다 중요해졌지. 더불어 친환경과 지능형 기술이 세계적인 추세로 떠오르면서 그것과 관련된 첨단 기술 개발도 필요해졌어. 이는 수출할 때 각국의 수입 자동차 규제에 맞추기 위해 갖춰야 할 요소이기도 했지. 이미 세계 자동차 산업은 국가를 넘어 브랜드 간의 차세대 신기술 개발 경쟁이 치열한 상태였어. 더 지체할 시간이 없었지.

이런 경향은 2000년대 이후 우리 자동차 산업의 핵심 키워드로 작용했어. 현대는 물론 다른 업체들도 그 중요성을 인지하고 적극적으로 나섰지. 글로벌 전략과 관련된 산업 기술의 구체적인 개발 과정과 성과에 대해서는 나중에 따로 자세히 얘기해줄게.

미국 자동차 산업의 메카, 디트로이트시의 파산에서 배울 점

미국 미시간주의 최대 도시이자 미국 자동차 산업의 메카인 디트로이트시가 약 180억 달러(우리 돈으로 약 21조 원)의 빚더미에 허덕이다 결국 현지 시간 2013년 7월 18일 파산 신청을 했다.

미국 자동차 산업의 상징이었던 디트로이트시는 20세기 초반 자동차 시대와 더불어 급부상했다. 전성기였던 1950년대에는 인구 180만 명으로 미국의 네 번째 도시였다. 특히 자동차 산업과 관련해서 일명 '빅3'라 불리는 미국의 자동차회사 GM, 포드, 크라이슬러가 각각의 본사와 10개의 공장을 두고 있었고, 부품 산업을 비롯한 자동차 관련 산업이 발달해 제조업 일자리만 29만 6천 개에 이르렀다. 그야말로 미국 최대 공업도시였다.

그러나 이후 자동차 산업이 서서히 내리막길을 걸으면서 1990년대에는 인구가 100만 명으로 줄었고, 2013년 현재는 70만 명까지 줄었다. 그나마도 3분의 1이 극빈층이다. 1인당 연간 소득은 2만 8천 달러. 미국 전체 평균 1인당 연간 소득인 4만 9천 달러의 57% 수준이다. 치안, 의료, 전력, 상하수도 등 도시의 기본적인 기능도 차례로 마비되면서 디트로이트시를 떠나는 시민들은 계속 늘고 있다. 자동차회사들은 일찌감치 떠났다. 빅3의 10개 공장 중 디트로이트시가 파산 신청을 할 당시 남아 있던 공장은 2개뿐이었다.

디트로이트시의 파산 원인은 몇 가지가 있지만, 가장 근본적인 원인으로 꼽히는 것은 미국 자동차 3사의 안이함으로 인한 자동차 산업의 쇠락이다. 대형차 위주의 생산과 수입 규제에 안주하면서 근로자들의 복지에만 신경 쓰다가 연비, 내구성, 가격, 디자인, 서비스로 무장한 일본 자동차의 파상공세에 밀려 결국 시장을 내줬다. 크고 무겁고 연비가 낮은 미국 자동차는 속수무책으로 밀려났다. 언제까지나 영원할 것처럼 '자동차 산업 세계 1위'라는 명성을 즐기느라 소비자들의 요구가 달라졌음을 알아차리지 못한 탓이었다. 또 호황기에 대폭 늘려놓은 자동차 산업 종사자들에 대한 높은 복지 비용은 자동차 산업의 경쟁력 자체를 약화시켰다.

자동차 산업에만 의존하며 새로운 산업과 기업을 키우는 일에 소홀했던 것도 문제였다. 자동차 산업이 무너지자 거의 모든 게 무너졌다. 일본 자동차와의 경쟁에서 완패하자 도시 전체가 엄청난

타격을 입었다.

이런 와중에 2008년 글로벌 금융위기가 닥쳤고, GM과 크라이슬러가 파산했다. 정부의 구제금융으로 간신히 살아남은 후 구조조정과 글로벌화 정책으로 재기를 노렸지만, 과거의 명성을 되찾기는 쉽지 않았다. 그러는 사이 도시 자체가 몰락해버렸다.

막을 방법은 없었을까? 미국은 자타 공인 산업의 원천 기술인 소프트웨어 강국이다. 빅3가 일찌감치 자동차 산업에 소프트웨어 기술을 접목해 변신했더라면 어땠을까. 좀 더 업그레이드된 자동차 산업의 시대를 이끌었을지도 모른다. 연비가 좋은 소형차 생산에도 눈을 돌렸거나, 세계적 추세인 친환경 자동차 생산을 앞당겼다면 또 어땠을까. 모르긴 해도 지금 같은 상황까지는 오지 않았을 것이다.

• 자동차 산업이 쇠락하면서 과거의 명성도 함께 잃어버린 미국 디트로이트시

디트로이트시의 파산은 산업의 흥망성쇠가 도시나 국가에 어떤 영향을 미치는지를 단적으로 보여주는 사례다. 그렇다면 우리는 여기서 무엇을 배워야 할까? 선진국을 모방하고 따라잡는 '2등 전략'으로 지금에 이른 우리 자동차 산업은, 이제 그 전략을 버릴 때가 됐다. 글로벌 경쟁에서 살아남는 것을 넘어 더 높이 올라가기 위한 변화를 끊임없이 모색해야 한다. 관건은 시대의 흐름을 간파하고 그에 맞는 신기술과 신제품으로 산업을 계속 업그레이드해나가는 것이다. 여기에는 다른 산업과의 융합도 포함된다. 그렇게 해서 산업을 선도하는 힘을 가져야 진정한 세계 1위를 꿈꿀 수 있다.

07

자동차 한 대에 2만여 개의 부품이 들어간다고요?

자동차는 수많은 부품이 합쳐져야만 비로소 제 기능을 갖춘 하나의 완벽한 모양으로 완성된다. 부품 자체의 품질과 성능이 보장되지 않으면 완전한 자동차가 탄생할 수 없고, 자동차 산업의 성장 역시 보장할 수 없다. 그렇다면 우리나라 자동차 부품 산업은 어떻게 발전해 왔을까? 핵심 부품인 변속기와 엔진을 독자 개발한 과정 및 성과를 통해 우리 자동차 산업 발전의 발판이 된 일반 부품 산업의 발전상을 알아본다.

자동차 부품,
이렇게나 많아요?

오늘은 선우의 생일이다. 친구들과 기분 좋게 생일 파티를 하고 콧노래를 부르며 집에 돌아온 선우에게는 또 하나의 기쁨이 기다리고 있었다. 바로 아빠의 생일 선물. 포장부터가 꽤 컸다. 선우는 설레고 급한 마음에 포장지를 과감하게 뜯었다. 모습을 드러낸 건 자동차 플라모델. 얼마 전 도로에서 지나가는 모습을 보고 선우가 멋있다고 말한 벤츠 스포츠카였다.

"아빠, 이걸 어떻게……?!"

"그때 네 표정이 잊혀야 말이지. 입을 쩌억~ 벌린 채로 몸까지 돌려가며 차가 사라질 때까지 보고 있었잖아. 물론, 차가 워낙 빠르니 오래 못 봤겠지만 말이야."

"아빠 정말 최고! 근데 왜 이렇게 큰 걸 사셨어요~ 저 한 번도 안 해봐서 완성할 자신 없는데……."

"아빠랑 같이 하면 되지!"

두 사람은 플라모델 부품들을 서재 바닥에 쫙 펼쳐놓은 채 머리를 맞대고 앉았다.

"아빠 저는 벌써부터 머리가 아파요. 무슨 부품들이 이렇게나 많아요? 도무지 어디서부터 어떻게 시작해야 될지 모르겠어요."

"그러게. 요즘 네가 자동차 얘기 재미있어 하길래 좋아할 줄 알고 샀는데, 괜히 욕심 부렸나봐. 좀 작은 걸로 살걸. 자, 그래도 한번 해보자. 잘 못해도, 실패해도 상관없어. 결과야 어떻든 배우는 건 있을 테니까."

"일단 하나는 확실하게 배웠네요. 자동차는 부품이 아주아주 많다!"

"하하하. 그래, 맞아. 무려 2만여 개나 되니까."

"네? 2만 개가 넘는다고요?"

"응. 좀 더 정확하게는 2만 4천여 개라고 하는데, 이건 통상적인 수치일 뿐이야. 실제로 자동차 부품의 개수를 정확히 아는 사람은 아무도 없을걸. 차종마다, 각각의 자동차마다 차이가 있기도 하니까 말이야."

"우와~ 정말 대단하네요. 그 얘길 들으니까 자동차 부품이 엄청 중요하다는 생각이 새삼 들어요. 부품이 없으면 자동차 자체를 완성할 수 없으니까요. 눈에 안 보이는 부품은 또 얼마나 많을까 싶고요."

"그래, 그럼 이 참에 아빠가 우리나라 자동차 부품 산업에 대해서도 이야기해줄까? 주요 부품들을 중심으로 어떻게 발전해왔는지 말이야."

"네, 좋아요. 그런데 설마, 그 얘기하느라 밤새우거나 하진 않겠죠? 부품이 워낙 많으니까요. 헤헤."

"글쎄다? 하하하."

정말 **이 많은 부품**을 하나하나 조립해서 **자동차 한 대**를 완성하나요?

불과 10여 년 전까지는 그랬어. 기억나지? 우리나라에서 자동차를 처음 만들 때는 기계 하나 없이 천막 하나만 달랑 친 공장에서 엔진부터 손으로 직접 만들었다는 거 말이야. 그때 만든 부품이라고 해봐야 지금과는 비교도 안 될 수준이었지. 간단한 주물과 가공이 쉬운 것들뿐이었으니까. 그렇게 원시적인 방법으로 부품을 하나씩 만들고 나머지 부품은 폐차에서 가져와 손으로 직접 조립했지. 그 과정이 얼마나 지난하고 오랜 시간이 걸렸을지는 자동차에 기본적으로 들어가는 부품들만 살펴봐도 짐작할 수 있어.

아주 오래된 흑백영화인데, 혹시 선우 너도 아는지 모르겠다. 영화 〈모던 타임즈(Modern Times)〉를 보면 주인공 찰리 채플린이 컨베이어 앞에서 온종일 나사만 조이는 모습이 나와. 굉장히 유명한 장면이지. 이런 식의 자동차 생산이 시

자동차 생산 역사의 혁신, 포드의 컨베이어 시스템

컨베이어(conveyor)는 물건을 연속적으로 이동 또는 운반시키는 띠 모양의 운반 장치로 벨트식, 체인식, 롤러식 등 종류가 다양하다. 세계 자동차 생산 역사에서 컨베이어 시스템을 최초로 도입한 사람은 1903년 포드자동차를 설립하고, 1908년 세계 최초의 양산 대중차 'T형 포드'를 생산하기 시작한 헨리 포드다. 그는 1913년 공장의 생산 라인을 컨베이어 벨트로 구축해 대량생산이 가능하도록 했다. 이후 많은 자동차 공장이 채택한 이 방식은 '포디즘'이라 불리며 자동차 생산 방식의 표준으로 자리 잡았다.

우리나라에서는 1958년 대한철강(현재의 '대원강업주식회사')이 장갑차 바퀴의 고무 부분을 불에 태우고 남은 철골로 만든 것이 처음이다. 대한철강은 국내 최초로 자동차용 스프링을 생산하기 시작했고, 1964년에는 국내 부품업체 최초로 베트남 수출까지 성공했다. 이후 대규모 컨베이어 벨트 시스템을 최초로 도입한 곳은 1970년대 초 기아였다. 당시 기아는 단위 공장을 합쳐 종합 자동차 생산공장을 만들었다.

• 1958년 대한철강이 만든 우리나라 최초의 컨베이어 시스템

작된 건 1970년대 초였어. 컨베이어 위로 차의 뼈대인 섀시가 지나가면 사람들이 찰리 채플린처럼 그 옆에 늘어서서 볼트나 너트부터 시작해 각종 부품을 일일이 조립했지. 컨베이어 옆에 놓인 2만여 개의 부품은 수백 개의 부품업체에서 단일 부품으로 각각 만들어 보내온 거고 말이야.

하지만 생각해봐. 방식이 좀 더 수월해졌다 뿐이지, 엄청난 양의 부품을 사람이나 기계가 일일이 조립해야 한다는 것, 어떤 의미에서는 여전히 원시적인 방법이었지. 그래서 나온 게 '부품의 모듈화'야. '모듈(module)'의 사전적 의미는 '기능 단위로서의 부품 집합'이고, '모듈화'는 일련의 부품군을 통합해 시너지 효과를 극대화하는 기술을 말해. 따라서 '모듈 생산'이란 자동차에 들어가는 수만 개의 작은 단일 부품을 대형 부품업체가 6~7개씩 덩어리로 묶어 모듈 부품으로 만든 다음 완성차업체에 전달하면 그곳에서 이걸로 차를 완성하는 선진국형 생산 방식이지.

자동차 모듈의 종류

예를 들면 이런 식이야. 운전석을 만들 때 예전에는 핸들, 계기판, 에어백 등을 완성차업체가 일일이 조립했다면, 모듈화가 되고부터는 부품업체가 그것들을 하나의 모듈 부품으로 만들어 완성차업체에 공급하는 거지. 완성차업체는 모듈을 통째 끼워 넣기만 하면 되는 거야. 완성차업체 입장에서는 수만 개의 부품이 많게는 수천 개에서 적게는 수백 개까지 줄어든 셈이지.

자동차의 3대 핵심 모듈은 새시 모듈*, 운전석 모듈*, 프론트엔드 모듈*이야. 이것들이 완성차에서 차지하는 비율은 무려 40%에 달하지. 이 밖에 도어 모듈, 시트 모듈, 연료탱크 모듈, 리어새시 모듈, 콤플리트새시 모듈, 프론트 모듈 등도 있어.

모듈 생산을 자동차에 처음 도입한 건 1990년대 초반이야. 독일의 폭스바겐이 생산비와 불량률을 낮추기 위해 3세대 '골프' 모델에 '헬라(Hella)'라는 자국 부품회사의 프론트엔드 모듈을 장착했지. 획기적인 부품 공급 방식이자 생산 방식이었어.

모듈 부품은 자동차 조립을 편리하게 만들고 조립 시간을 단축시켰다는 것 말고도 여러 가지 장점이 있어. 일단 비용이 절감돼. 이를테면 10개의 부품회사에서 각각 만들던 단위 부품을 하나의 부품회사가 모듈로 만들어버리니까 말이야. 같은 맥락에서 중량을 줄일 수 있고, 소형화도 가능해. 비슷한 기능의 부품들이 하나로 모아지니까 기능 융합도 이루어지고. 부품업체에서 1차로 조립해 만들기 때문에 부품의 불량률도 낮지. 완성차 공장에서는 생산 라인이 간결해져 하나의 생산 라인에서 여러 차종을 생산할 수 있는 데다 각종 테스트가 편리해지고, 조립 생산성이 높아져 품질 향상을 꾀할 수 있어. 새로운

* **섀시 모듈** 차축, 서스펜션(또는 현가장치. 차의 무게를 받치면서 바퀴를 고정해 노면의 진동이 차체에 직접 닿지 않도록 하는 완충 장치), 서스펜션 멤버(서스펜션의 골격을 이루는 부품) 등 차의 뼈대를 구성하는 100여 가지 부품의 집합체.

* **운전석 모듈** 기술적으로 가장 어려운 모듈. 크래시 패드(운전자 앞의 플라스틱 구조물), 계기판, 핸들, 센터페시아(오디오, 에어컨 및 히터, 송풍구, 시거잭 등이 장착된 부분), 제동장치, 에어백, 각종 전장품 등 운전석 전체를 구성하는 130여 가지 부품의 집합체.

* **프론트엔드 모듈** 앞 범퍼, 라디에이터, 헤드램프 같은 전방 부품이 장착된 보닛 부분을 구성하는 부품의 집합체.

모델 개발에도 유리해. 부품을 모듈째 공급받기 때문에 공장에 추가 설비를 하지 않아도 생산량을 맞출 수 있고, 부품업체가 모듈을 개발하니 완성차업체의 신모델 개발 기간도 함께 단축되지. 한마디로 모듈화는 기술 발전 과정에서 나타난 필연적 산물이자, 21세기 자동차 생산 시스템의 혁명이었어.

우리나라에서는 1999년 현대정공(현재의 '현대모비스')이 가장 먼저 부품의 모듈화를 시작했어. 현대자동차 울산 공장 내에 연산 50만 대 규모의 모듈 부품 생산 시설을 갖추고 섀시 모듈을 만들어 현대자동차에 공급했지. 그리고 현대자동차의 '트라제XG', '에쿠스', '다이너스티', 택시용 '쏘나타' 등에 장착됐어.

이후 덕양산업, 만도, 한라공조 등의 부품업체들이 속속 모듈 부품을 생산하기 시작했고, 그와 관련된 기술은 계속 발전해나갔어. 그중 눈에 띄는 모듈은 2005년 한라공조가 순수 국내 기술로 세계 최초 개발한 '웨이브 팬'과 '자동차용 냉각팬 모듈'이야. 에어컨 응축기, 엔진 냉각용 방열기와 함께 엔진룸에 장착돼 열을 외부로 방출시키고 엔진과 에어컨 성능을 최적화시키는 부품인데, 한라공조는 이 제품으로 세계 최고 수준의 고효율, 저소음을 달성해 'IR52장영실상'*을 수상했지. 자동차에 대한 환경 규제가 세계적으로 강화되고 있고, 소비자들이 자동차에서 편의성과 쾌적성을 원하고 있다는 시대 흐름을 잘 반영한 결과물이었어.

* IR52장영실상 측우기 등 과학기구를 만든 세종 때의 과학자 장영실의 과학 정신을 기리기 위해 제정된 국내 최고의 산업기술상. 'IR'은 'Industrial Research'의 약자로 '산업기술연구'라는 의미이고, '52'는 1년 52주 동안 매주 하나씩의 제품을 시상한다는 의미다. 우리 기업과 기술연구소에서 개발한 우수 신기술 제품을 선정해 과학기술처 장관이 상패와 메달을 수여한다.

우리가 **독자 기술**로 개발한 **부품**이 더 있어요?

물론이지. 가장 빨랐고 의미 있었던 게 현대자동차가 1994년에 만든 '엑센트'에 들어간 부품들이야. 거기에 장착된 자동변속기, 알파엔진, 섀시 모듈 등은 모두 우리 기술로만 개발됐거든. 특히 국내 최초로 독자 설계한 자동변속기가 당시 크게 주목받았어. 운전의 편의성이 승용차 선택의 주요 변수로 작용하던 시기였고, 자동변속기에 대한 수요가 급증하고 있던 때였으니까. 이전까지는 외국에서 완제품을 들여오거나 기술을 도입해와 가공 및 조립하는 수준이었지. 하지만 그것조차 쉽지는 않았는데, 자동변속기 기술은 선진국 자동차업체들이 기술 이전을 꺼리는 고급 기술이었기 때문이야.

현대자동차는 1990년 12월부터 40여 개월에 걸쳐 총 504억 원의 연구개발비를 투입해 전륜구동 승용차용 자동변속기를 만들었어. 주행 조건에 따라 변속기를 부드럽게 바꾸는 실시간 제어 시스템(리얼 타임 피드백 컨트롤)을 적용하고, 엔진에서 나오는 동력을 구동장치까지 조용하게 전달하는 한편, 동력전달장치를 확대해 전달 효율과 연비도 크게 향상시켰지. 특히 빙판길처럼 미끄러운 길에서 2속 발진이 가능했는데, 이는 일본 등 선진국의 자동차업체에서도 당시에는 미처 갖추지 못한 성능이었어. 국내는 물론이거니와 해외시장에서도 경쟁력을 충분히 갖게 됐지. 이 부품으로 현대자동차는 1994년 'IR52 장영실상'을 수상했어.

자동차의 핵심 부품인 엔진에도 순수 우리 기술이 도입됐어. 현대자동차가 1991년 국내 최초로 독자 개발한 1,500cc급 소형 알파엔진이 그 결과물이야. 자연흡기식과 터보차저식, 두 종류로 개발됐는데 엑센트에도 바로 이 알파엔진이 장착됐지. 1984년부터 개발을 추진해 5년여에 걸쳐 총 1천억 원을 투입해 완성했어. 엄청난 시간과 돈이 든 만큼 개발 과정은 쉽지 않았지. 엔진개발자들이 외국 엔진을 수백 번 분해하고 조립하면서 실패에 실패를 거듭해 탄생시켰어. 이와 관련된 에피소드를 하나 들려줄까?

독자 개발을 시작하기 전, 현대자동차는 일본의 미쓰비시자동차에 수억 달러의 로열티를 지불하고 엔진 기술을 제공받았어. 그런데 미쓰비시가 로열티를 50% 깎아주는 조건으로 현대의 마북리연구소 폐쇄를 요구한 거야. 말도 안 되는 제안이었지. 연구소를 폐쇄하면 이후 개발이나 생산을 할 수 없다는 건데, 비용이 문제가 아니었어. 결국 현대는 미쓰비시의 제안을 거절하고 독자적으로 엔진 개발에 착수했지.

현대자동차가 알파엔진을 개발하는 과정에서 마지막까지 해결이 안 돼 고민했던 부분은 엔진이 일주일 주기로 자꾸 깨진다는 거였어. 그때 깨진 엔진만 무려 20개. 수없이 시행착오를 거듭하며 어렵게, 어렵게 만든 엔진이 너무 쉽게 깨져버리니 개발자들은 이대로 포기해야 하나 싶은 마음에 좌불안석이었지. 주위의 눈총은 또 얼마나 따가웠는지, 하루도 마음 편할 날이 없었어. 심지어 어떤 개발자는 엔진이 깨지자 두려움과 좌절감에 빠져 혼자 산에 올라가 눈이 퉁퉁 붓도록 울다 내려오기도 했대. 참다못한 연구개발 총책임자가 일본 미쓰비시자동차에 국제전화를 걸었어. "당신들도 엔진이 깨졌느냐"고 물었지. 일본 개발자의 대답은 "아니다. 우리는 안 깨졌다!"였어. 총책임자가 힘없이 수화기를 내려놓자

개발팀은 그야말로 초상집 분위기가 됐지. 그런데 3개월 후, 마침내 엔진 파손의 원인을 찾아냈어. 냉각 계통에 이상이 있었던 거야. 개발팀은 그 부분을 얼른 보완해 알파엔진을 완성해냈지.

그 후 어느 날이었어. 연구개발 총책임자가 당시 통화했던 일본의 엔진개발자를 직접 만날 일이 있었는데, 그때 또 한 번 물었대. 정말로 엔진이 안 깨졌느냐고. 그 일본 개발자는 그제야 이실직고했다고 해. "우리도 깨졌었다."라고 말이야. 왜 그랬을까? 자기들이 설계한 엔진 도면을 가져다 엔진을 만들던 현대가 자신들과 결별한 후 자체 연구로 엔진을 완성해내니까 사촌이 땅을 산 것처럼 배가 아팠던 모양이야.

재미있지 않니? 이 이야기를 통해 우리 자동차업체의 기술 수준과 개발에 대한 집념이 어느 정도였는지도 잘 알 수 있고 말이야. 아무튼 현대자동차는 '순수 국내 기술로 개발한 첫 엔진'을 탄생시키면서 우리 자동차 산업에 새로운 장을 열었어. 그리고 1991년 'IR52장영실상'의 첫 수상 제품으로 선정됐지. 말하자면 'IR52장영실상'의 역사는 자동차 엔진에서부터 시작됐던 거야.

자동차 부품 중 엔진 개발이 제일 어려울 것 같아요.

자동차의 심장이자, 핵심 부품인 만큼 그런 면도 있지. 자동차를 구성하는 부품 중 어느 것 하나라도 빠지면 차가 제 기능을 못 하고, 그런 점에서 어느 것 하나 중요하지 않은 부품이 없지만 말이야.

현대자동차는 알파엔진을 개발하면서 쌓은 기술과 노하우로 4년 후인 1995년 중형급 베타엔진을 개발했어. 이후 1997년 입실론엔진, 1998년 델타엔진, 1999년 오메가엔진 등을 잇달아 선보였지. 특히 현대기아자동차가 2002년에 개발한 세타엔진은 우리나라 자동차 산업의 기술 개발 역사에 새로운 획을 그은 사건 중 하나로 꼽혀. 고성능, 저연비, 정숙성, 내구력, 친환경 등의 장점을 고루 갖춘 차세대 중형 엔진인데, 이것으로 현대자동차는 그 기술력을 전 세계에 인정받고 수출까지 하게 됐어. 게다가 3년 후에는 당시 세계 최고 기술력을 자랑하던 미국 다임러크라이슬러와 일본 미쓰비시에 세타엔진 기술을 전수하고 로열티를 5,700만 달러나 받았지. 엔진을 손으로 직접 만들다가 수입하던 나라에서 기술을 전수하고 수출하는 나라로 역전된 거야.

그사이 기아자동차는 고속직접분사 방식을 적용한 DOHC 디젤엔진을 1997년에 개발했어. 고성능, 저연비에 소음과 진동을 대폭 줄여 디젤엔진은 시끄럽고 매연이 많은 엔진이라는 기존 인식을 바꿔놨지. 한국공학한림원이 선정하는 '대한민국 100대 기술과 주역' 기계공학 분야에서 주요 제품 중 하나로 뽑혔다는 것만 보더라도 이 디젤엔진의 가치가 어느 정도였는지는 짐작할 수 있을 거야.

현대기아자동차는 이후에도 계속해서 눈에 띄는 엔진 개발 성과를 보였어. 준중형 자동차용 4기통 감마엔진으로 국내외에서 무려 57건의 특허를 받았고, 대형 람다엔진과 타우엔진을 개발해 소형차부터 대형차까지 모두 아우를 수 있는 엔진 풀 라인업을 구축했지.

특히 타우엔진은 후륜구동 최고급 대형차에 장착할 목적으로 북미 시장을 겨

• '세계 10대 최고 엔진'으로 3년 연속 선정된 현대기아자동차의 타우엔진

냥해 약 5년간 독자 개발한 국내 최초 8기통 가솔린엔진이야. 미국의 자동차 전문 미디어 〈워즈오토(Wards Auto)〉가 2009년부터 3년 연속 '세계 10대 최고 엔진'으로 선정했을 만큼 그 기술력이 탁월했어. '비단같이 부드러운 힘, 순발력 있는 가속력, 만족스러운 배기 기준과 감탄할 만한 연비 등의 조화가 압도적'이라며 최첨단 기술력의 차세대 엔진으로 평가받았지. 이 타우엔진에는 국내 특허 177건, 해외 특허 14건으로 인정받은 기술력이 집약돼 있어. 그래서 해외 선진 자동차업체들이 로열티를 지불하고 타우엔진 기술을 배워갔지.

〈워즈오토〉가 2012년에 선정한 우리나라의 '세계 10대 최고 엔진'도 있어. 현대에서 개발한 감마엔진이야. 약 32개월간의 개발 기간을 거쳐 탄생한 고연비, 고출력 가솔린엔진이지. 세계 최고 수준의 동력 성능을 확보했다는 평가를 받았어. 그리고 현대자동차에서 판매량이 가장 많은 '엑센트', '아반떼', 'i30', 기아자동차의 '프라이드', '포르테', '쏘울' 등에 장착됐지.

그런데 선우야, 아빠가 2만여 개의 부품 중 변속기와 엔진에 대해서만 얘기해서 아쉽지는 않니? 더 많은 다른 부품들에 대해서도 궁금할 텐데 말이야. 나름대로 이유를 말하자면, 이 두 가지가 자동차 부품 중 가장 중요하고, 그런 만큼 자동차회사들도 이 두 가지를 개발하는 데 가장 초점을 맞추고 있기 때문이야. 또 가장 비싼 부품들이기도 하고. 자동차에 필요한 최고 성능은 주행 성능이잖아. 변속기와 엔진이 바로 그 핵심 역할을 담당하고 있거든.

나머지 부품들에 대해서는 제가 따로 찾아볼게요.
그런데 **각각의 부품**이 없었으면
우리 **자동차 산업의 발전**도 없었겠어요.

그렇지. 한 방울의 물이 모이고 모여서 강과 바다를 이루듯, 부품 하나하나가 모여 하나의 완전한 자동차를 만드니까. 부품 없이는 자동차도 없는 거지. 그런 만큼 자동차 산업에서 부품 산업이 차지하는 비중도 매우 커. 만약 우리가 오랫동안 꾸준히 부품 산업을 발전시켜오지 않았다면 수출 1천만 대를 돌파한 세계 5위의 자동차 생산국이 될 수 없었을 거야. 외국 선진 자동차업체들로부터 부품을 받아 조립하는 하청업체로만 남아 있었겠지. 자동차 산업이 막 시작됐던 1950~60년대의 우리가 그랬던 것처럼……. 그런 의미에서 우리나라 자동차 부품 산업이 어떤 과정을 거쳐 발전해왔는지에 대해 말해줄 필요가 있겠구나.

우리 자동차 산업은 1950년대 수공업적 조립 생산, 1960년대 근대적 KD 부품 조립 생산, 1970년대 일관 공정 조립 생산 및 부품의 국산화와 고유 독자 모델 개발, 1980년대 대량생산 및 수출 기반 확립, 1990년대 해외 KD 조립 생산 및 해외 현지 생산, 다양한 신차종 개발로 국제경쟁력 확보 등의 단계를 거치면서 비약적으로 발전해왔어. 초기에는 당연히 부품 관련 기술을 해외에 많이 의존했지. 하지만 정부가 먼저 나서서 국산화를 독려했고, 이후 업체들이 자발적, 적극적으로 국산화 개발에 힘써 발전을 거듭해왔어. 전체적으로 보면 단순 부품 조립에서 부품의 독자 개발 및 국산화, 고급화 단계를 차례로 밟으며 자동차 산업을 키우고 마침내 자동차 강국이 된 거야.

6 · 25전쟁 직후 부품 산업은 군수품이 대량 유출되고 재생 부품이 넘쳐나면서 군납에 의지해 겨우 현상 유지만 할 뿐이었어. 그러다 1961년 특정 외래품 판매 금지 조치가 내려져 군수품을 더 이상 받을 수 없게 되자 본격적으로 부품을 생산하게 됐지. 1년 후에는 태국과 베트남 등 동남아시아로 첫 수출까지 했어. 부품 생산을 본격적으로 시작한 지 얼마 되지도 않았는데 수출을 했다니, 대단

* 액슬샤프트(axle shaft) 휠을 구동시키는 차축.
* 피스톤(piston) 실린더 안에서 왕복운동을 하는 원통이나 원판 모양 부품.
* 피스톤링(piston ring) 피스톤과 실린더 벽 사이에 공기가 새지 않도록 피스톤 둘레의 홈에 끼우는 고리 모양 부품.

하지? 하지만 충분히 그럴 만했어. 군납 시절부터 스프링, 밸브, 액슬샤프트*, 피스톤*, 피스톤링* 등을 만들던 중견 부품업체들이 주축이 됐거든. 이때의 수출은 해당 부품의 생산량을 엄청 늘려줬을 뿐 아니라 우리 부품 산업의 발전 가능성을 보여준 계기가 됐어. 1960년대 부품 수출 최고 실적은 1966년의 74만 7천 달러였지.

그 무렵 정부는 '자동차공업5개년계획'의 일환으로 국산화를 이끌었는데, 완성차업체에 비해 부품업체는 1970년대 초반까지도 발전 속도가 더뎠어. 기술 수준이 아직 낮고 국내 수요가 부족했다는 것도 이유였지만, 그보다 KD 조립으로 완성차가 만들어지던 때라 국산 부품이 낄 자리가 별로 없었거든. 영세한 부품업체에서 어렵게 국산 부품을 만든다 하더라도 당시 기술로는 품질을 확실히 보장할 수 없었고, 낮은 임금으로 소량 생산을 해가지고는 수입 부품과 가격 경쟁도 되지 않았어.

그런데 1973년 '장기자동차공업진흥계획' 발표 후 국산 소형차 고유 모델 개발이 시작되면서부터 상황이 조금씩 나아졌어. 납품 기회와 수요가 늘어난 만큼 경험과 노하우가 쌓여 부품 제조 기술이 점점 발전했을 뿐 아니라, 정부가 국산화 정책을 강력하게 추진하느라 우리나라에서 만들 수 있는 부품을 전혀 수입하지 못하게 했거든. 이 덕분에 부품업체들의 수요 기반이 굉장히 탄탄해졌지.

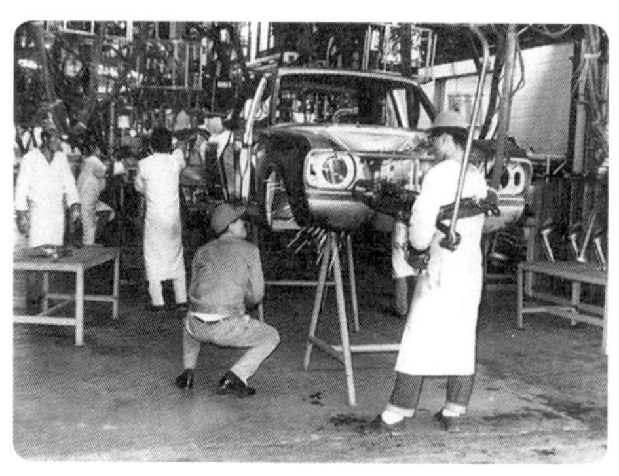

• 1960년대 중반 부품공장 작업 모습. 작업자들이 수동식 기계로 부품을 만들고 있다.

이후 완성차업체들의 수출이 활발해지면서 부품업체들도 경쟁력 확보에 신경을 쓰기 시작했어. 기술 지도 또는 자금 지원 등을 통한 완성차업체와의 수급 협력 관계가 강화된 시기지. 하지만 그 협력 관계라는 것이 수직적 계열 관계여서 부품업체들은 꽤 오랫동안 영세성을 벗지 못했어. 그럼에도 불구하고 부품업체들은 늘어나는 완성차 수출과 국내 수요, 자동화의 대중화 시대를 발판 삼아 계속해서 기술을 발전시켜나갔고, 마침내 1990년대에는 완성차업체들이 수입에만 의존했던 주요 부품들까지 공급할 수 있게 됐지. 이때는 부품 수출도 늘어나서 부품업체들의 매출액이 껑충 뛰어올랐어. 1997년 기준으로 국내 부품 산업에서의 연 매출액은 17조 7천여억 원. 10년 전보다 약 11배나 늘어난 액수였어. 업체당 연평균 매출액은 132억 원에 달했지. 그리고 11억 2,500만 달러를 수출해 사상 처음으로 무역 흑자를 기록하기도 했어.

하지만 곧 IMF 외환위기가 닥쳐왔고, 완성차업체들과 더불어 부품업계에서도 구조조정을 피할 수 없었어. 부품업계도 전반적으로 개편됐지. 주요 부품 및 첨단 부품을 생산하던 중견 부품업체들이 대부분 외국 부품업체에 매각되는 한편,

외국 부품업체들의 국내 합작 투자도 크게 늘어났어. 이것이 결과적으로는 완성차업체들과의 거래 관계도 변화시켰는데, 기존에는 부품업체들이 완성차업체를 모회사로 두고 있어 단독으로 납품하는 거래 비율이 높았다면, 구조조정 이후 완성차업체들이 합병(특히 현대와 기아의 합병)되면서 복수 거래가 많아졌지. 기술과 품질을 확보한 부품업체가 완성차업체의 신제품 개발에 참여하는 일도 생겼고 말이야. 이 결과 2003년에는 부품 수출액이 약 42억 6천만 달러까지 올라갔어. 완성차업체들이 해외 현지 생산을 확대하면서 KD 수출이 활발해진 것도 이유지.

그런데 지금까지 말한 2000년대 초반까지의 부품 산업은 모두 전통적 의미에서의 일반 부품에 관한 내용이야. 오랜 시간에 걸쳐 발전해온 만큼 품질경쟁력과 가격경쟁력 모두를 갖추게 됐지. 선진국 수준에 도달해 있었다고 평가할 수 있어. 반면 첨단 부품은 이때까지만 해도 제 위치를 확실히 하지 못하고 있었어. 특히 기술 개발력이 한참 미진했지. 첨단 부품에 대한 이야기는 다음에 이어서 들려줄게.

우리나라 부품업체들의 신차 개발 참여도

부품업체는 부품의 개발, 생산, 공급 등의 과정을 통해 완성차업체와 업무적으로 긴밀한 관계를 맺게 된다. 부품의 개발 원가, 품질, 적용 기술 따위가 완성차의 경쟁력에 직접적인 영향을 미치기 때문이다. 우리나라의 경우 다른 나라보다 부품업체들의 독자 개발 비중이 높은 편이다. 부품업체들이 신차 개발에서 담당하는 역할도 그만큼 크다는 의미다. 우리나라 자동차 산업에서 부품업체와 완성차업체 간의 협력관계가 긴밀할 수밖에 없다.

자동차 부품에 관한 이색 질문들

타이어는 왜 검은색일까?

타이어는 고무로 만든다. 지면으로부터의 충격을 흡수해 승차감을 높이기 위해서다. 그런데 모두 알다시피 고무는 매우 부드럽고 신축성이 좋다. 이런 고무를 타이어에 그대로 사용한다고 생각해보자. 자동차의 엄청난 무게를 지탱하지 못하고 차가 주저앉아버릴 것이다. 이런 점을 보완해 강도를 높이려고 타이어를 만들 때 다양한 배합제를 첨가하는데, 그중 핵심은 카본블랙(carbon black)이다. 카본블랙은 천연가스, 기름, 아세틸렌, 타르, 목재 따위가 불완전연소할 때 생기는 검정 가루인데, 고무는 물론 페인트, 시멘트 따위의 배합제로 쓰인다. 고무에 카본블랙을 넣으면 강도가 10배 가까이 세진다는 사실을 처음 발견한 건 1912년 무렵이다. 이후 다양한 배합제를 연구해왔지만, 카본블랙보다 우수한 물질은 아직 발견되지 않았다. 바로 이 카본블랙이 검은색이라서 타이어도 검은색인 것이다. 만약 색깔이 있는 배합제가 새롭게 발견된다면 타이어의 색도 달라질지 모르겠다.

타이어에는 왜 여러 무늬로 홈이 파여 있을까?

결론부터 말하면 도로들의 각종 변수에 잘 대응하기 위해서다. 건조한 아스팔트 도로만 달린다면 굳이 홈을 파지 않아도 된다. 타이어가 노면에 닿는 면적이 넓을수록 마찰력이 커지기 때문이다. 레이싱카에 홈이 없는 타이어를 쓰는 것도 그런 이유다. 하지만 도로에는 날씨에 따라, 기본 상태에 따라 변수가 많다. 예를 들어 비가 와서 도로가 젖어 있으면 노면과 타이어 사이에 수막이 생긴다. 타이어의 마찰력이 사라지기 때문에 미끄러지는 등 위험한 상황이 발생할 수

있다. 바로 이때 타이어의 홈이 존재감을 발휘한다. 홈 사이로 물을 밀어내 수막을 깨고 마찰력을 되살리는 것이다. 그리고 비포장도로에서는 흙이나 작은 돌들이 홈에 끼게 만들어 자동차를 잘 멈추게 한다. 최근에는 타이어의 홈들이 주행 중 소음을 줄이거나 차의 가속력을 높이거나 제동력을 높이는 등 좀 더 기능적으로 적용되고 있다.

자동차 유리는 일반 유리와 다르다?

자동차에 쓰이는 유리는 여름에 고온다습하고, 겨울에 온도가 낮은 차 내부의 환경 특수성을 보완할 수 있어야 한다. 또 뒷차 전조등에 의한 눈부심을 최소화하기 위해 수초 이내에 반사율을 낮춰야 하고, 전조등 불빛이 사라지면 재빨리 원래 상태의 반사율이 높은 거울로 전환돼야 한다. 이를 위해 '전기 변색 거울'이 사용된다. 전기 변색 거울은 자동차의 친환경 기술에 대한 필요성이 전 세계적으로 커짐에 따라 빠른 속도로 성장하고 있는 기술 분야이기도 하다. 또 자동차에는 '접합 유리', '강화유리', '복층 유리'가 사용된다. 접합 유리는 2장 이상의 판유리를 플라스틱 중간막으로 접합한 것이다. 강한 힘에도 쉽게 깨지지 않으며, 파손되더라도 플라스틱 중간막이 있어 유리 파편이 흩어지지 않는다. 앞쪽 유리에 쓰인다. 강화유리는 판유리를 열처리한 것이다. 표면에 강한 압축응집력을 만들어 외부 힘이나 온도 변화에 반응하지 않도록 하고, 파손될 경우 파편을 미세하게 만들어 인명 피해를 최소화한다. 옆쪽 유리에 쓰인다. 복층 유리는 2장의 강화유리를 붙이되 틈을 만들고 그 사이를 대기압에 가까운 압력의 건조 공기로 채운 후 그 둘레를 밀봉한 것이다.

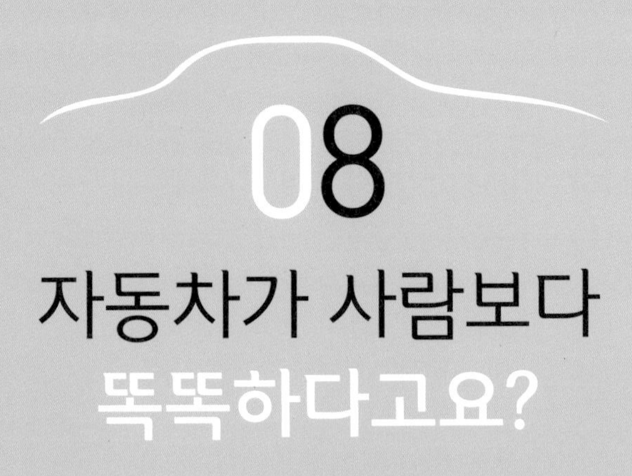

08

자동차가 사람보다 똑똑하다고요?

언제부턴가 자동차는 '이동수단'이라는 단순 기능에서 벗어나, '움직이는 생활공간'으로 변모했다. 이에 따라 자동차도 이용자의 안전과 편의를 보강하고 그들의 다양한 니즈를 충족하는 쪽으로 점차 발전해왔다. 이는 지능형 첨단 부품들의 발전과도 맞물리는데, 세계적인 추세인 만큼 우리 자동차 산업에서도 예외는 아니다. 자동차에 장착된 지능형 부품들과 그것 관련 첨단 기술들을 살펴보면 우리 자동차 산업이 얼마만큼 성장해왔는지 또 한 번 알 수 있다. 대한민국 자동차의 첨단 기술적 진화 이야기.

자동차에 안전벨트와 에어백이 있어서 참 다행이에요!

"문병 잘 다녀왔어? 친구는 좀 어떠니?"

"다행히 에어백이 터져서 뼈가 부러지거나 하진 않았는데, 타박상이 심해서 목이랑 허리, 팔이 많이 아프대요. 며칠 더 입원해 있어야 된대요."

엄마와 선우의 대화를 듣고 있던 아빠가 깜짝 놀라 말했다.

"친구가 교통사고를 당했어?"

"네. 어젯밤 학원 마중 나왔던 엄마랑 차 타고 집에 가는 길에 음주운전 중이던 차가 중앙선을 넘어와서 피하다가 가로수에 세게 부딪혔대요."

"저런……. 더 크게 다친 사람은 없고?"

"친구도 친구 엄마도 생각보다 심하진 않아서 병원에서 며칠 치료받으면 괜찮을 거래요."

"그나마 다행이구나. 그래도 교통사고라는 게 당장은 괜찮아도 시간 지나 어떻게 될지 모르는 일이라……. 걱정이다."

"친구가 그러는데, 안전벨트랑 에어백 없었으면 어땠을지 생각만 해도 끔찍하다 하더라고요. 저한테도 귀찮다며 안전벨트 안 하고 다니지 말고 꼭 하라 그러고요."

"그래. 친구 말이 맞다. 위험한 상황을 직접 경험해보면 그런 것들의 소중함을 더 잘 알게 되지."

"그런가 봐요. 저도 친구 보면서 정신이 번쩍 들었어요. 그런데 아빠, 차에 타면 늘 보는 거라 그 존재를 한 번도 깊이 생각해본 적 없는데요. 에어백 말이에요. 아빠 차에도 조수석 앞에 'AIR BAG'이라는 글씨가 박혀 있잖아요. 그거 언제부터 있었던 거예요? 누가 처음 개발했어요?"

"하하. 녀석, 요즘 차에 푹 빠졌구나. 어쨌든 아빠는 좋다. 그 덕분에 우리 아들이랑 이렇게 이야기를 많이 나눌 수 있어서. 그런데, 음…… 에어백이라……. 말이 나온 김에 선우야, 아빠가 다음에 들려주겠다고 한 자동차 첨단 부품에 대한 이야기, 이어서 해볼까?"

"네, 아빠!"

첨단 부품의 범위를 어디서부터 어디까지로 봐야 해요?

자동차의 원래 기능에 충실하기 위해 기본으로 장착되는 부품 외에 안전과 편의를 위해 추가로 장착된 것들 그리고 기본으로 장착되는 부품 중에서도 첨단 기술이 적용돼서 기능적으로 업그레이드된 것들이라고 보면 될 거야. 우리나라는 물론 수출 대상 선진국들이 자동차에 대한 소음 및 안전 규제, 환경 관련 규제를 강화하면서 탄생한 첨단 부품들도 있지. 특히 환경 관련 규제에 따른 부품의 발전은 이야깃거리가 많으니 다음에 따로 자세히 얘기하도록 하자. 그럼 일단 안전과 편의 위주의 첨단 부품들 종류부터 꼽아볼까?

네가 금방 이해할 수 있는 것들 위주로 먼저 얘기할게. 안전성을 위한 부품으로는 안전벨트, 에어백, ABS, 졸음운전 경보장치, 블랙박스 등이 있어. 편의성을 위한 부품으로는 내비게이션, 오디오-휴대폰 자동 연결 장치, 자동 주차 보조 장치 등이 있는데, 주로 정보통신 기술이 적용된 것들이지. 첨단 기술로 기능을 업

에어백, 누가 언제 처음 만들었을까? 

정확한 명칭은 'SRS(Supplemental Restraint System) 에어백'. '안전을 위한 보조 장치'라는 뜻이다. 따라서 안전벨트를 착용한 상태에서 작동된다. 시속 40㎞ 이상에서 충돌이 발생하면 바퀴 속도 센서, 브레이크 압력 센서 등의 센서가 이를 감지해 고압 질소 가스를 분출시키고, 0.05~0.1초 안에 풍선처럼 부풀려진다. 주로 나일론 섬유로 만들어지며, 팽창 후에는 탑승자가 차에서 질식하지 않고 곧장 탈출할 수 있도록 수축된다.

1952년 존 헤트릭이라는 사람이 부인과 딸을 앞에 태우고 운전하던 중 장애물을 피하려고 급제동하는 순간, 자기도 모르게 팔을 뻗어 가족을 보호했고, 그 일을 계기로 자동차 에어백을 연구하기 시작했다. 이듬해 그는 에어백을 개발해 특허까지 받았지만, 운전자가 직접 작동시켜야 하고 펼쳐지는 속도가 느려 자동차회사들의 반응은 싸늘했다. 이후 1968년 사업가 겸 발명가인 앨런 브리드가 새롭게 개발했으나 이것 역시 팔리지 않았다. 당시 자동차 안전장치의 중요성에 대한 인식이 낮았기 때문이다.

에어백이 자동차에 최초로 장착된 건 1973년이다. 지금은 없어진 미국의 자동차회사 올즈모빌이 '토로나도'라는 승용차 모델에 적용했다. 우리나라는 1992년 현대가 '뉴그랜저'에 장착한 것이 최초다.

고안전 지능형 차량 기술

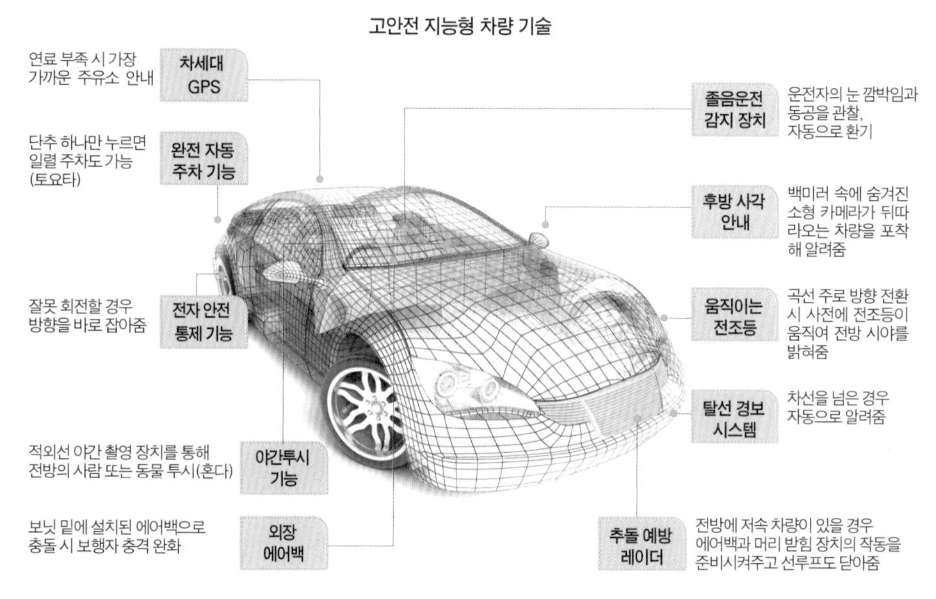

자동차부품연구원, 〈자동차 산업의 현황과 기술 개발 동향〉(2005. 5)

그레이드한 첨단 부품으로는 전에 말한 자동변속기와 저소음, 고효율 엔진 같은 게 해당되고 말이야.

안전장치는 사고 발생 후 탑승자를 보호하는 수동형과 단순 위험 경고를 넘어 사고를 피할 수 있도록 해주는 능동형으로 좀 더 자세히 구분할 수도 있어. 안전벨트나 에어백 등이 수동형 안전장치고, 졸음운전 및 차선 이탈 경보장치, 후방 사각지대 안내장치 등이 능동형 안전장치지.

이런 첨단 부품들이 꾸준히 개발되고 그 기능도 날이 갈수록 진화하고 있는 건 자동차가 이제 단순 이동수단이 아닌 '움직이는 생활공간'으로 변모하고 있기 때문이야. 특히 요즘은 안전장치와 편의 장치에 대한 소비자들의 관심이 매우 커졌어. 욕구와 기대도 그만큼 높아졌지. 자동차의 주행 성능이 개선되고 기술의 완성도도 어느 정도 나타나니까 좀 더 조용한 주행, 좀 더 안전한 주행, 좀 더 편리한 주행에 초점을 맞추게 된 거야. 그래서 자동차회사들은 엔진 소리가 시끄럽지 않도록 흡음기를 개발했고, 빠르게 잘 달리는 것만큼이나 중요한 제동

* 보행자 보호 에어백 보행자가 차량에 충돌했을 때 보닛이나 전면 유리에 부딪혀 사망하는 사고를 예방하기 위해 2013년 3월 스웨덴의 볼보가 세계 최초로 개발한 보호 장치. 보닛 안쪽에 장착돼 있다.

* ECM(Electronic Chromic Mirror) 야간 주행 시 룸미러에 들어오는 뒤쪽 차량의 전조등 빛을 광센서로 자동 감지해 거울의 반사율을 낮춰 운전자의 눈부심을 없애 주는 장치.

성능을 위해 ABS로 안전성을 확보했으며, 열쇠가 아닌 버튼으로 시동을 걸 수 있는 엔진 스타트 버튼을 만드는 등 첨단 부품과 장치들을 꾸준히 개발해 왔지. 앞에서 충돌이 일어났을 때 엔진이 운전석과 조수석까지 밀려오지 않도록 하는 기술도 개발됐어. 물론 이 외에도 더 많은 부품과 장치 및 기술들이 있지.

특히 에어백 기술이 무척 진화했는데, 초창기에는 운전석 핸들에만 있던 것이 요즘에는 무릎 보호 에어백, 사이드 커튼 에어백(여러 개의 에어백이 커튼처럼 이어져 있어), 심지어 보행자 보호 에어백*까지 개발된 상황이야. 스마트키, 파노라마 선루프, ECM*, 차선 이탈 경고 시스템, 사각지대 정보 시스템 등도 빼놓을 수 없지. 주로 전자공학적 기술을 자동차에 응용해 장착하고 있어.

그런데 최근 편의 장치 개발이 더 활발해지면서 기존에 있던 안전장치의 기능이 다소 반감되는 상황도 종종 나타나고 있어. 그 반대의 경우도 물론 있지. 즉,

편의성이 강화되면 안전성이 떨어지고, 안전성이 강화되면 편의성이 떨어지는 식이야. 결과적으로는 이것이 첨단 부품을 계속 업그레이드하는 계기가 되고 있지만 말이야.

예를 들어 안전장치의 대표 격인 안전벨트의 경우, 매고 있으면 사실 좀 답답하고 불편하잖아. 이런 점을 보완하기 위해 '안전벨트 프리텐셔너(Seat belt Pre-tensioner)'라는 게 나왔어. 평소에는 느슨하게 감싸고 있다가 급제동이나 충돌이 일어났을 때 탑승자의 몸을 벨트로 강하게 잡아당겨 튕겨나가지 않도록 해주는 거지. 에어백과 동시에 작동해. 한편 차창을 편하게 여닫을 수 있도록 만들어진 파워윈도는 비상 상황에서 탈출을 방해할 가능성이 높아. 그래서 몇 가지 대안이 나왔는데, 충돌이 감지되면 차의 모든 창문이 자동으로 내려가게 한다든가, 물에 빠졌을 때 배터리가 방전돼서 창문이 내려가지 않는 일이 발생하지 않도록 물에 빠짐과 동시에 창문이 내려가도록 하는 것들이지.

첨단 부품은 생각보다 범위가 넓고 종류도 많네요. 우리나라에서 개발한 첨단 부품은 어떤 거예요?

들으면 아마 깜짝 놀랄걸. 아까 아빠가 얘기한 것들 중에도 있거든.

우선 사이드 커튼 에어백(다음부턴 '커튼 에어백'이라고 할게). 2006년에 우리나라 기업 코오롱이 아시아 최초로 만들었어. 공식 제품명은 '자동차 측면 충돌 및 전복 대응 인명보호용 사이드 커튼 에어백'이고, 그해 이 제품으로 'IR52 장영실상'을 수상했지. 이듬해인 2007년에는 '대한민국기술대상'에서 우수상도 받았어.

코오롱이 에어백 개발을 시작한 건 1992년이야. 지금은 에어백 없는 차를 상상할 수 없지만, 그때만 해도 에어백이 보편화되지 않았을뿐더러 우리 기술로는 만들 수도 없었지. 기술 장벽이 높아 미국, 일본, 유럽 등 일부 선진국에서만 생산하고 있었어. 그런 시기에 코오롱은 전면 에어백 쿠션 제조 기술을 우리나라에서 제일 먼저 완성했고, 2000년부터는 4년간 총 30억 원의 연구개발비를 들여 커튼 에어백을 개발, 생산하기 시작했어.

커튼 에어백은 기존 에어백의 역할을 보완한 거야. 차가 옆에서 충돌됐거나 전복됐을 때 에어백이 커튼처럼 옆으로 펼쳐지면서 탑승자를 보호하지. 윗면과 아랫면을 꿰매는 봉제 공정 없이 만들어졌기 때문에 외국 경쟁 제품들보다 내압과 내압유지율이 높다는 특징이 있어. 보호 효과가 그만큼 탁월하지.

아빠는 이 장치가 굉장히 필요하고 유용하다고 생각하는데, 어떤 통계를 보니 우리나라 교통사고 발생 사례 중 정면충돌보다는 측면 충돌로 인한 사고가 더 많더라고. 그래서일까. 이 커튼 에어백은 국내 시장의 95%를 점유하고 있고, 토요타와 폭스바겐 등 해외 자동차업체에도 수출됐어. 전량 수입하던 커튼 에어백을 100% 국산화하고, 수입 제품 이상의 성능을 보이며 수출까지 이뤘다는 점에서 박수를 보낼 만한 성과라 할 수 있지.

안전장치를 얘기했으니까 이번엔 우리나라에서 세계 최초로 개발한 편의 장치를 이야기해줄까. 한라공조, 선도전기, 현대자동차가 2009년에 함께 만든 차량용 공기 정화 장치가 있어. 공식 제품명은 '클러스터 이온을 활용한 차량용 공기 정화 장치'. 이것 역시 'IR52 장영실상'을 수상하면서 그 기술력과 가치를 인정받았어.

제품명에서 대충 짐작이 되겠지만, 원리는 이래. 음이온과 양이온을 클러스터화시킨 이온발생기를 송풍기와 증발기 사이에 장착하고 공조 장치와 연계 제어해서 차 안의 유해 물질과 냄새를 제거하는 거지. 왜 가끔 차에서 에어컨 틀면 퀴퀴한 냄새날 때 있잖아. 그걸 잡아준 거야. 여기서 클러스터 이온 발생기가 세계 최초로 개발된 건데, 전자방사식이라는 새로운 이온 발생 기술로 오존을 최소화해서 인체에 무해하고, 경쟁 제품들보다 5~10배 많은 클러스터 이온을 발생시킨다는 게 주목할 부분이야. 증발기 표면의 미생물을 직접 살균할 뿐 아니라 서식 환경을 근원적으로 차단한다는 것도 주효하고.

이전까지는 외부 공기 중 유해 물질을 필터로 차단하거나 공기청정기를 따로 장착하는 게 차 안 공기 정화 방법의 전부였어. 하지만 필터는 에어컨에서 나오는 세균과 곰팡이를 제거할 수 없었고, 공기청정기는 가격이 비싸 고급 차에만 주로 적용하는 선택 사양이었지. 우리가 개발한 클러스터 이온 발생기는 기존 공기청정기보다 가격은 낮으면서 공기 정화 효과는 훨씬 뛰어났어. 그 덕분에 다양한 차급에 폭넓게 적용할 수도 있게 됐지.

우리나라에서 개발한, 좀 더 전자공학적인 첨단 부품은요?

하하. 그렇지. 역시 '첨단 부품'이라고 하면 뭐니 뭐니 해도 SF 영화에서나 나올 법한, 근사한 전자식 장비가 딱 나와줘야 되는데 말이야. 첨단 부품의 핵심은 전자유도 장치인 '센서'이고, 관련 개발자들은 자동차를 아예 '센서덩어리'라 부른다고 하니 더 말할 것도 없지. 그런데 실은 너무 많아서 어떤 걸 얘기해야 할지 고민되기도 해. 이럴 때는 의미가 남다른 걸 소개하는 게 좋겠지? 앞에서도 그랬듯 '최초'라는 수식어를 붙일 수 있는 것으로 말이야.

미래의 자동차는 전자 제품?

지금까지 우리는 자동차에게 더 나은 안전성과 편의성을 원해왔고, 앞으로도 더 많이 원하게 될 것이다. 그런데 그런 기능을 갖춘 첨단 부품들은 모두 전기 · 전자 부품으로 구현되고 있다. 자동차에 장착되는 전기 · 전자 부품의 비율도 시간이 갈수록 높아지는 추세다. 1970년대만 해도 4~5% 수준이던 것이 1980년대에는 7~8%로, 1990년대에는 10~13%로 올랐으며, 현재는 30% 정도까지 이르렀다. 40%에 이를 날이 그리 머지않아 보인다. 이때가 되면 자동차는 더 이상 기계가 아닌 전자 제품이 될지도 모른다. 일반적으로 전자 제품을 분류하는 기준은 전자 부품의 비율이 40% 이상일 경우이기 때문이다.

'ECPS'라는 게 있어. '전자 제어식 파워 스티어링(Electrically Controlled Power Steering)'이라는 건데, 차의 주행 속도에 따라 핸들의 힘을 전자 제어로 적절히 바꿔주는 장치야. 저속 주행이나 주차를 할 때는 핸들을 가볍게 해주고, 고속 주행할 때는 핸들을 무겁게 해서 안전하도록 하는 거지. 바로 이 ECPS를 만도기계와 현대자동차가 외국 업체와의 기술 협력 없이 독자적으로 공동 개발했어. 우리나라에서는 최초 성공 사례였지. 이전까지는 일본 업체가 주도하고 있었고, 국내 업체들은 시스템만 도입해왔을 뿐 개발할 엄두는 내지 못했거든. 당시 기술 수준에서는 엄청난 첨단 기술인 데다 투자비가 많이 들고, 개발 성공 여부도 불투명했으니까. 개발 이후 ECPS는 현대자동차의 '티뷰론'에 처음 장착돼서 성능의 우수성을 검증받았어. 'IR52 장영실상'도 수상했고.

만도기계와 현대자동차가 ECPS 개발에 성공한 건 기술적 성과와 경제적 파급 효과 외에 또 다른 의미가 있어. 바로 '첨단 기술의 결정체'를 완성했다는 점이야. ECPS에는 유압 제어 기술을 비롯한 자동차용 전자 제어장치의 하드웨어 및 소프트웨어 설계 기술, 마이크로프로세서 응용 기술, 자동차용 센서의 개발 및 응용 기술, 최적의 정적 · 동적 실차 특성 기술 등이 유기적으로 결합돼 있었거든. 비단 ECPS뿐 아니라 이전과 이후에 개발된 많은 첨단 부품이 그랬지. 이건 첨단 부품 기술이 앞으로 나아가야 할 방향성이기도 해. 각각의 독자 기술들이 해당 분야에만 머물지 않고 통합 응용되면 더 편리하고 유용한 제품을 만들 수 있고, 이것으로 자동차 산업 및 부품 산업의 국제경쟁력도 확보할 수 있으니까 말이야. 이것이 곧 첨단 부품의 미래야.

만도기계는 ECPS 말고도 여러 가지 첨단 부품을 독자적으로 개발해냈어. 특히 1998년에는 국내 최초로 미끄럼 방지 특수 브레이크인 ABS를, 2004년에는 첨단 차량 자세 제어장치인 'ESP(Electronic Stability Program)'를 세계에서 네 번째로 독자 개발했지.

ABS는 만도기계가 1990년부터 현대자동차 중앙연구소와 함께 독자 개발에 착수해 8년 만에 완성했어. 그 기간 동안 만도는 세계적인 자동차 시험장인 스웨덴의 알제플러그에서 매년 2개월 이상 각종 시험을 진행했다고 해. 그리고 '무궁화 ABS'라는 이름으로 세상에 내놨지. 독보적인 유로(油路) 설계 방식으로 크기와 무게를 대폭 줄였고, 안전성과 제동 거리 단축 효과가 다른 업체 제품들보다 탁월하다는 점이 당시 높게 평가받았어. 이는 말뿐인 주관적인 평가가 아니라 객관적 사실로도 입증됐는데, 출시 첫해에 선진국 동급 모델들과 펼친 비교 시험에서 안전성과 내구성 점수가 상대적으로 높았다는 게 그 증거야.

만도기계가 독자 개발한 ESP는 1997년부터 7년간 300억 원을 투자한 결과물이야. 커브 길이나 빙판길에서 장애물이 갑자기 튀어나왔을 때 바퀴, 조향 휠, 차체 중심에 장착된 다양한 센서가 이를 감지해 브레이크를 밟지 않아도 자동으로 차가 정지하고, 좌우로 미끄러지는 것까지 막아주는 최첨단 제동장치지. 당시 현대모비스가 독일의 자동차 부품업체인 보쉬와 기술을 제휴해 생산하고 있긴 했지만, 국내 업체가 독자 기술로 생산을 시작한 건 만도기계가 처음이었어. 그것도 세계에서 네 번째로 말이야.

2000년대 들어와서는 첨단 부품 개발이 더욱 활발해졌어. 많은 자동차업체가 이 작업에 뛰어들었고, 그만큼의 성과를 냈지. 회사별로 하나씩, 대표적인 것만 꼽아볼게.

현대자동차는 고려대 첨단차량연구실과 공동으로 '졸음운전 경보 시스템'을 개발했어. 운전자의 얼굴과 전방의 주행 차선을 CCD 카메라*로 촬영해 운전자가 졸거나 차선을 이탈하면 알려주는 것으로 2000년부터 상용화됐지.

* CCD 카메라(Charge-Coupled Device Camera) 디지털 카메라의 일종. 전하결합소자(CCD)를 통해 영상을 전기 신호로 변환한 후 디지털 데이터로 플래시 메모리 등의 기억 매체에 저장한다. CMOS형 카메라보다는 전력 소모와 가격 면에서 불리하지만, 대신 화질이 우수하다.

기아자동차가 개발한 안전 및 편의 장치로는 '능동형 추돌 방지 시스템'이 있어. 기존 안전장치들이 사고 후 피해를 최소화하는 수동형이라는 점에 착안, 이를 개선하기 위해 사고를 능동적으로 예방하는 장치를 만든 거지. 멀티 빔을 쏘는 레이더와 카메라가 앞에 있는 차는 물론 각종 장애물을 알아내고 차와 차 사이의 거리, 차선, 상대속도 등을 복합적으로 인식하고 있다가 추돌의 위험이 발생하면 소리나 문자로 경보 신호를 보내주는 동시에 자동 전자 제어장치를 작동시키는 시스템이야.

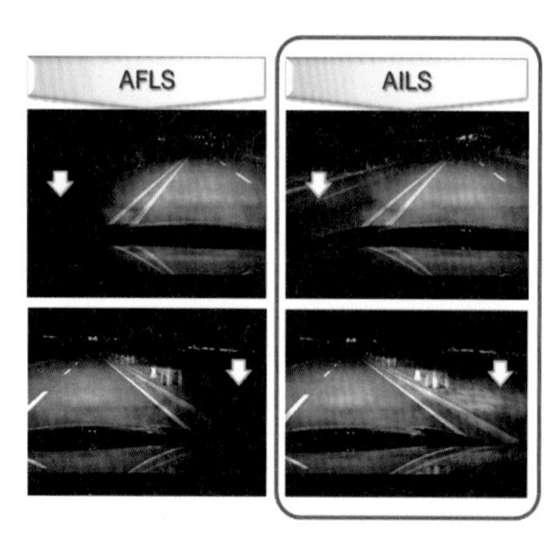

• 현대모비스가 개발한 AFLS와 AILS 성능 비교 실험. 2008년 국산화에 성공한 AFLS(Adaptive Front Lighting System) 역시 운전 환경에 따라 조명이 자동 조절되는 장치다. AILS와는 내비게이션 연동 여부에서 차이가 난다. AFLS의 업그레이드 버전이 AILS인 셈이다.

현대모비스는 2012년 헤드램프를 내비게이션과 연동시켜 차의 조명을 자동 조절하는 'AILS(Active Intelligent Lighting System, 차세대 지능형 헤드램프 시스템)'를 세계 최초로 개발했어. 내비게이션에서 도로 정보를 받아 주행 경로를 예측한 다음, 교차로나 굽은 길이 나오면 주행 상태에 맞게 전조등의 조명을 스스로 조절하는 장치야. 교차로에서는 좌우 사각지대를 최소화하는 별도의 조명이 켜지고, 굽은 길에서는 주행 방향으로 조명 각도를 미리 변경해 안전하게 운전할 수 있도록 해주지. 2013년 5월 상용화 단계에 들어섰다고 하니, 도로를 읽는 헤드램프가 달린 자동차를 만나게 될 날도 얼마 남지 않았어.

우리나라 **자동차 첨단 부품**들, **성능**은 어때요?

물론 훌륭한 성능을 자랑하고 있지. 안전성 부문에서 특히 인정할 만해. 사실 자동차에 들어가는 첨단 기술은 안전성 부문에서 가장 많이 활용되고 있어. 2만여 개에 달하는 자동차 부품 중 현재 전자 부품이 30% 정도를 차지하는데, 그 전자 부품의 상당수가 바로 안전과 관련된 것들이지.

우리나라 자동차 첨단 부품들의 성능, 그중에서도 안전성과 관련된 성능을 얘기하기에는 국토교통부가 매년 발표하는 승용차 안전도 평가 결과가 가장 좋겠다. 국토교통부는 매년 국내에 출시된 최신 승용차들을 대상으로 차량 간 충돌, 차와 보행자 간의 충돌, 제동 거리, 주행 전복 등에 대한 안전도 평가를 실시하고, 그 결과에 종합 등급을 매겨 발표하거든. 2013년 현재는 신차 총 11종 중 상

우리 자동차, 세계 공통 안전 기준에 맞추다 : 1958 협정

우리나라는 2004년 12월 31일 'E51'이라는 협정 가입국 코드를 받으며 '1958협정'의 44번째 회원국이 됐다. 1958협정은 유럽 내에서 통일된 안전 기준이 필요해지면서 유럽 국가들이 1958년 3월 20일 제네바에서 제정한 다자간 협정이다. 정식 명칭은 '자동차와 자동차에 부착 또는 사용되는 장치 및 부품을 위한 동일 기술 규정 채택과 그러한 규정을 근거로 발급된 형식 승인의 상호 인정을 위한 조건 협정'. 이로써 우리 자동차업계는 다자간 협상에 참여할 수 있게 됐고, 자동차에 대한 국제 기준과 조화를 이루며 국내 자동차 생산업체들의 입장도 반영할 수 있게 됐다. 무엇보다 미국, 유럽 등 선진국과 다른 안전 기준으로 인한 통상 마찰 최소화가 가능해졌다.

반기까지 출시된 5종에 대해서만 결과가 나와있고, 나머지에 대해서는 12월에 발표할 예정이라고 하니, 2012년 종합 발표 결과를 얘기하는 게 좋겠지?

평가 대상 승용차는 모두 11종이었는데, 그중 국산 차 8종은 현대자동차의 '싼타페', 'i40', 'i30', 기아자동차의 'K9', '프라이드', '레이', 한국GM의 '말리부,' 르노삼성의 'SM7'이고, 수입 차 3종은 폭스바겐의 '폭스바겐 CC', BMW의 'BMW 520d', 토요타의 '캠리'야. 결과를 먼저 말하자면, 국산 차들이 수입 차들보다 높은 안전도 점수를 받았고, 좀 더 우수한 것으로 나타났어.

충돌 테스트 종합 평가에서 최고 점수를 받아 '올해의 안전한 차' 최우수상을 수상한 건 현대의 싼타페야. 정면충돌, 부분 정면충돌, 측면 충돌, 좌석안전성 등 세부 평가 항목에서 각각 별 5개를 받았고, 기둥 측면 충돌 평가에서 2점을 더 받아 56포인트 만점에 55.6포인트를 획득했지. 차체가 초고장력 강판의 고강성 구조인 데다 SUV 최초로 '7 에어백 시스템'을 적용했고, 충돌하는 순간 안전벨트가 재빨리 조이면서 골반을 단단하게 잡아주는 '하체 상해 저감 장치'가 장착돼 있었던 게 주효했던 것으로 평가됐어.

보행자와 차량 간의 충돌 테스트에서도 국산 차가 수입 차보다 상대적으로 우수한 성적을 보였어. 엄밀히 따지면 평가 대상 차종 모두 전반적으로 안전도가 미흡하다는 평가를 받았지만, 그중에서도 1등은 있는 법이니까. 현대의 싼타페와 한국GM의 말리부가 100점 만점에 63.3점이라는 가장 높은 점수를 받았어.

어떠니, 선우야. 이 정도면 우리 자동차에 장착된 첨단 부품의 성능과 가치를 가늠해볼 수 있겠니? 우리 자동차 산업의 위상이 어느 정도까지 올라갔는지도 말이야. 물론 앞서 이야기한 것들 중에는 우리가 직접 개발하지 않았고 생산하지 않는 것들도 있지만, 여기서 그건 별로 중요하지 않다고 생각해. 지금까지 해온 것들만 해도 충분히 가치가 있으니까. 그렇다고 여기에 안주해도 좋다는 뜻은 아니야. 중요한 건 지금까지 그래왔던 것처럼 앞으로도 계속 발전할 거라는 사실이지. 우리는 응원하는 마음으로 지켜보면 되고.

비행기에서 가져온 자동차 안전장치

안전벨트

항공 엔지니어링의 선구자 조지 케일리가 1800년대에 최초 발명했고, 1913년 독일의 비행사 칼 고타가 전투기에 처음 도입했다. 비행기를 거꾸로 몰고 다닌 조종사 아돌프 퍼구가 1913년 비행기에 처음 도입했다는 얘기도 있다. 당시 전투기에는 조종석에 지붕이 없어 곡예비행을 할 때 조종사가 떨어지기도 했기 때문이다. 그리고 제2차 세계대전 이후 비행기에 기본 장착됐다.
안전벨트가 비공식적으로 처음 장착된 자동차는 레이싱카였다. 1930년대에는 길이 험해 빠른 속도로 달리다가 웅덩이에 빠지기라도 하면 운전사가 튕겨져 나왔다. 그래서 레이싱 선수들이 스스로 만들어 달기 시작한 것이다. 그리고 1936년 스웨덴의 볼보 직원이 아우토반 주행 시 안전을 위해 비행기에 쓰던 2점식(띠의 양 끝이 두 곳에 고정돼 있는 형태) 안전벨트를 차에 장착했다.
안전벨트를 본격적으로 자동차에 적용하기 시작한 것은 그로부터 10여 년 후다. 1949년 내쉬, 1951년 벤츠와 GM, 1955년 포드, 1957년 볼보, 1958년 사브가 차례로 안전벨트를 도입했고, 모두 2점식이었다. 지금과 같은 3점식(띠의 양끝이 세 곳에 고정돼 있는 형태) 안전벨트를 세계 최초로 자동차에 적용한 것은 1959년 볼보의 '아마존 120', 'PV544' 모델이었다. 항공기 안전장치 엔지니어인 닐슨 볼린이 개발한 것이다.

ABS(Anti-lock Brake System)

1929년 항공기용으로 처음 개발했다는 이야기가 있고, 던롭이 1952년 'MAXARET'라는 항공기용 ABS를 개발했다는 이야기가 있다. 던롭의 1953년 문서를 보면 'Non-skid Braking'이라는 시스템이 비행기 바퀴에 적용됐다는 내용이 들어 있다. 착륙 시 미끄러짐을 방지하면서 타이어의 수명을 늘리고 고온에서도 잘 멈추도록 하는 것이 목표였다. 하지만 내구성과 비용 문제로 당시 자동차에는 적용하지 못했다.

자동차업체 중에서는 보쉬와 벤츠가 처음 연구를 시작했다. 1978년 '벤츠 S클래스'에 최초로 장착됐고, 1986년 BMW가 기본 장치로 선택했다. 우리나라에서는 1989년 대우가 보쉬의 ABS를 '임페리얼' 모델에 처음 적용했다.

블랙박스

1957년 호주의 항공기 연료 화학자 데이비드 워런이 최초로 개발했다. 어릴 적 갑작스런 비행기 사고로 아버지를 잃은 그는 항공과학기술연구소에 근무하던 1953년 세계 최초의 여객기 코멧(Comet)으로 인한 원인 불명의 잦은 추락 사고를 계기로 블랙박스 연구에 몰두했다. 그가 개발한 최초의 블랙박스는 비행기 조종석에서 고도와 속도를 분석 기록하고, 교신 내용과 조종석에서의 대화까지 녹음할 수 있는 것이었다.
블랙박스가 비행기 사고의 원인을 밝히는 데 중요한 역할을 하자 1990년대 중반부터 자동차에도 장착하자는 움직임이 일었고, 1990년대 후반부터 서서히 자동차에 상용화되기 시작했다.
여기서 보너스 정보 하나 더! 블랙박스는 이름처럼 검은색이 아니다. '블랙박스'란 '사용법이나 역할은 잘 알려졌지만 내부 구조나 작동 원리는 숨겨진 장치'를 뜻하는 공학 용어일 뿐이다. 오히려 주황색이나 노란색, 빨간색처럼 눈에 잘 띄는 색을 겉에 사용한다. 비행기가 산이나 바다에 추락했을 경우 잘 찾아내기 위해서다.

09

이제는 자동차도 환경을 생각해야 해요!

우리나라는 좁은 국토와 높은 인구밀도, 과도한 도시 인구 집중률 등의 영향으로 비교적 일찍부터 환경 문제가 제기됐다. 게다가 자동차 대중화 이후 자동차 보유 대수가 급증하면서 대기오염 문제가 심각해졌다. 이에 배기가스에 대한 규제가 급속히 강화됐고, 고효율 · 저공해의 친환경 자동차들이 속속 등장했다. 수출이 활발해지면서부터는 선진국의 환경 규제 기준에 맞추기 위해 이 분야의 기술이 더욱 발전해왔다. 대한민국 자동차의 환경적 진화 이야기.

술 마시는 자동차가 있대요!

"아빠, 저 오늘 친구한테 놀라운 얘기를 들었어요. 글쎄, 알코올로 가는 차가 있다는 거예요! 아니 어떻게, 자동차가 사람처럼 술을 마시는 것도 아니고, 알코올로 움직일 수가 있어요?"

"대체 에너지 자동차로 개발된 거였어. 1980년대부터 자동차 배기가스에 대한 국내외 규제가 심해졌거든. 세계적으로도 무공해 자동차의 필요성이 제기되고 있었고. 알코올 자동차는 그 대안 중 하나였지. 알코올 자동차가 실제로 도로 위를 달린 곳은 브라질이야. 100% 알코올로만 가는 건 아니었고, 가솔린에다 10~15%의 알코올, 즉 에탄올을 섞어 사용했어. 그때가 1979년이지. 브라질은 일찍이 사탕수수 재배가 활발했던 터라, 거기서 나오는 설탕을 에탄올로 전환해 대체 에너지로 사용할 방법을 오래전부터 연구해왔거든. 2003년에는 가솔린과 에탄올을 자유자재로 함께 사용할 수 있는 '가변연료차(FFV, Flexible Fuel Vehicle)'를 개발해 세계 최초로 상용화했지. 지금도 브라질에서는 알코올 자동차가 도로를 누비고 있어."

"그럼 전 세계적으로 브라질에서만 알코올 자동차를 만든 거예요?"

"브라질과 함께 미국, 독일 등이 초기 선두주자였어. 사실 가변연료차는 1980년대에 미국이 먼저 개발했는데, 가솔린과 알코올을 구분하는 센서가 너무 비싸 상용화에 실패했지. 반면 브라질은 일반 자동차 엔진을 약간만 변형해 시동은 가솔린으로 걸되, 이후 연료를 주입할 때 에탄올 센서를 작동시키는 방식이었기 때문에 경제적이었고. 우리나라에서도 알코올 자동차를 만들었어. 브라질로 수출까지 했는걸."

"우와! 대단해요! 그런데 우리는 왜 안 타고 다녀요?"

"우선 연료가 비싸. 브라질은 석유 자원이 적은 대신 알코올의 원료인 사탕수수가 풍족하고, 전 세계 에탄올 생산량의 47%를 차지하는 최대 생산국이라 부담이 적지만, 우리는 사정이 다르니까. 또 알코올을 만들고 저장하고 급유하는 데 필요한 기반 기술의 비용이 휘발유보다 2배 정도 비싼 데다 저장 탱크가 알코올로 부식되지 않도록 특수 소재를 사용해야 해서 차 값이 기존 가솔린차보다 5~10% 정도 비싸. 폭발의 위험도 크고. 대신 우리는 그 밖의 친환경 · 저공해 자동차가 많아. 꾸준히 개발 중이고, 조금씩 성과를 보이고 있어. 이제 친환경 자동차는 선택 사항이 아닌 필수 옵션이 됐거든."

"그 이야기 더 들려주세요!"

"좋아!"

우리나라는 **언제부터** **친환경 자동차**를 만들기 시작했어요?

1980년대 후반, 정부가 소음 및 안전 규제와 더불어 배기가스 규제를 시작하면서부터 환경과 관련된 자동차 기술이 발전에 시동을 걸었어. 사실 우리나라는 국토가 좁아서 인구밀도가 높고, 특히 도시의 인구 집중률이 일찍부터 상당했잖아. 1980년대 자동차의 대중화 이후 자동차 보유량이 급증하면서부터는 대기오염 문제가 심각해졌지. 환경 문제를 생각하지 않을 수 없었어. 가장 큰 주범으로 지적된 게 바로 자동차 배기가스였고. 더구나 환경 관련 규제는 우리나라뿐 아니라 전 세계적인 추세였기 때문에 수출을 위해서는 해당 국가에서 요구하는 환경 기준까지 맞춰야 했지. 친환경 자동차를 개발하게 된 주요 계기야.

우리나라에서 자동차에 대한 환경 규제를 본격적으로 시작한 건 1987년 7월

이야. 이때부터 배기가스 정화 장치(촉매 변환 장치) 부착이 의무화됐지. 우리 자동차업체들은 이 부품을 국산화하기 위해 관련 기술을 습득하고 외국 업체들과의 합작도 추진했어. 부품 산업을 한 단계 업그레이드하는 중요한 발판이 마련됐던 셈이야.

1990년대 말부터는 배기가스에 대한 국내 규제가 세계적인 흐름을 타고 급속하게 강화됐어. 1998년에는 규제 기준이 미국 등 선진국 수준까지 끌어올려졌지. 차종별, 차급별, 연료별로 규제 대상이 세분화됐을 뿐 아니라 NOx* 규제가 강화되고 이전엔 없던 포름알데히드 등에 대한 규제까지 더해졌어. 특히 경유차에 대한 규제 기준이 매우 높았는데, 당시 우리는 경유차의 비중이 높은 서유럽에 연간 30만 대 이상의 디젤 승용차를 수출하고 있었고, 이 때문에 국내 시장에서도 디젤 승용차 시장을 만들어야 했거든. 수출만 하고 국내에서의 판매를 막아버리면 국제적인 통상 마찰이 일어날 수 있었으니까.

경유차는 NOx가 많이 배출되기 때문에 이로 인한 환경오염이 심각했어. 더구나 국내에는 경유를 사용하는 대형 상용차가 이미 많았던 상태라 환경 문제를 더욱 철저하게 단속해야 했지. 저공해 자동차 관련 기술과 부품의 발전을 더 크게 유도하려는 것도 정부가 이 같은 조치를 취한 이유 중 하나였어. 물론 미국 등 배기가스 규제가 엄한 국가들로 자동차를 수출한 지 10년쯤 지난 시점이라 그 분야가 어느 정도 기술 기반을 구축하고 있었지만 말이야. 아무튼 그 결과 국내에서는 휘발유차보다 경유차의 규제 기준이 더 높아졌고, 2002년부터 적용된 배기가스 허용 기준은 세계 최고 수준까지 올라갔어.

2004년에는 '환경친화적 자동차 개발 및 보급 촉진에 관한 법률'이 제정됐어. 말 그대로 하이브리드카나 연료전지차 같은 친환경 자동차를 개발하고 보

* NOx 질소산화물. 질소와 산소의 화합물로, 연소 과정에서 공기 중의 질소가 고온에서 산화돼 발생한다. 산성비의 원인이며, 사람의 눈과 호흡기를 자극해 기관지염, 천식 등을 일으킬 뿐 아니라 식물을 고사시키기도 해 주요 대기오염 물질로 규제되고 있다. 증상으로는 기침, 가래, 눈물, 호흡 곤란 등이 나타나고, 급성 중독이 되면 폐수종이 생겨 사망에까지 이른다. 대표 배출원은 자동차, 항공기, 선박, 산업용 보일러, 소각로, 전기로 등이며, 태양광과 반응해 오존을 만들어낸다.

• 국내 최초 양산 하이브리드카인 기아의 '포르테 LPi'(왼쪽)와 현대의 '아반떼 LPi 하이브리드'(오른쪽)

급하기 위한 거였지. 이를 위해 정부는 5년 단위의 기본 계획과 1년 단위의 시행 계획을 세워 추진하기 시작했어. 그리고 같은 해, 현대자동차에서 만든 하이브리드카 '클릭' 50대가 시범 운행됐지. 전시용이나 콘셉트카가 아닌, 실제 도로 주행용 하이브리드카가 우리에게 첫선을 보인 건 이때가 처음이었어.

하이브리드카가 국내에서 처음으로 양산을 시작한 건 2009년이야. 현대의 '아반떼 LPi 하이브리드'와 기아의 '포르테 LPi'가 주 모델이었지. 휘발유나 경유보다 훨씬 저렴하고 깨끗한 LPG(액화석유가스)를 연료로 사용해 기존 자동차들보다 53%가량 연비가 높았어. 또 정밀 전자 제어 기술을 바탕에 둔 클러치 접합 방식과 연비 및 양산성을 동시에 향상시킬 수 있는 6단 변속기를 적용해 경쟁 업체들과는 차별화된 기술을 선보였다는 점, 특히 개발 과정에서 배터리 컨트롤러 등 핵심 부품 대부분을 국산화했다는 점이 높이 살 만한 부분이었지.

국내에서 하이브리드카의 인기는 어때요?

판매 성적이 기대에 많이 못 미쳤어. 현대의 아반떼 하이브리드의 경우 2009년 6월 출시 이후 그해 6개월간 2,126대가 팔렸고 2010년에는 3,308대가 팔렸지만 2011년엔 1,746대로 확 떨어졌지. 그리고 판매율이 매년 하락하고 있어. 기아의 포르테는 판매 하락 폭이 그보다 더 심한데, 이런 현상은 비단 이 두 모델에만 해당되는 게 아니야. 이후에 출시된 국산 하이브리드카들도 초반의 '신차 효과'가 시들해지면서 판매율이 떨어지고 있는 추세지. 전체적으로 놓고 보면 2012년 국내에서 팔린 하이브리드카는 국산 차 3만 688대, 수입 차 6,022대로 총 3만 6,710대가 전부야.

친환경적인 차세대 자동차인데도 이렇게 판매가 부진한 이유가 뭐냐고? 하이브리드카의 최대 강점인 연비가 생각보다 낮은 데다 출력이 약하고 가격이 상대

국내에서 개발한 저공해 자동차들 

- **알코올 자동차** 기아자동차는 1983년부터 서울대와 산학 협동으로 7년 6개월을 투자해 1991년 6월 '베스타M-85'와 '콩코드M-100'를 선보였다. 베스타는 알코올 85%와 휘발유 15%의 혼합 연료를 사용했고, 콩코드는 알코올만 연료로 사용했다. 2종 모두 알코올로 인한 부식을 막기 위해 연료 계통 부품을 특수 소재로 만들었으며, 알코올만 사용하는 콩코드의 경우 저온에서의 시동성을 높이기 위해 시동을 걸 때 휘발유가 공급되는 이중 연료 시스템을 채택했다. 한편 현대자동차는 1992년 무연휘발유 75%에 알코올을 25%까지 혼합할 수 있는 알코올 자동차를 개발했다. 현대는 이 차를 브라질에 수출하면서 새로운 수출 시장을 개척했으며, 개발과 수출의 공로를 인정받아 'IR52장영실상'을 수상했다.
- **태양열 자동차** 국내 최초의 태양열 자동차는 1992년 건국대 항공우주공학과와 전기공학과, KUL비행기제작소가 공동으로 만든 '해돌이'다. 무게 190kg의 2인승으로 자동차용 배터리 3개를 직렬 연결해 10마력을 냈고, 1회 충전으로 120km까지 달릴 수 있었으며, 최고 속도는 시속 42km였다. 도로에서 실제 운행 가능한 차는 기아자동차가 1993년 대전엑스포 출품을 목표로 1992년에 개발한 것이다. 1회 충전으로 100km를 달릴 수 있었고, 최고 시속은 140km였다.
- **수소 자동차** 국내 최초의 수소자동차는 1993년 5월 성균관대 기계공학과에서 개발한 '성균1호'다. 주행거리 20km, 최고 시속 50km로 상품화는 어려웠지만, 엔진 소음이 거의 없고 공해가 발생하지 않았다는 점이 돋보였다. 한편 현대자동차는 1991년부터 서울대학교와 산학 공동 연구로 개발을 추진, 3년 10개월 동안 총 30억 원의 개발비를 들여 1994년 10월 수소자동차를 완성했다.
- **압축천연가스 자동차** 천연가스를 약 200기압으로 압축한 압축천연가스(CNG)를 연료로 하기 때문에 공기보다 가볍고 누출돼도 쉽게 확산되며, 대기오염 발생량이 경유차의 10분의 1 수준에 불과하다. 소음 또한 적다. 1995년 현대자동차가 '엑센트'를 개조해 완성했는데, 1회 충전으로 400km를 주행할 수 있었다. 미국 현지 테스트 결과 캘리포니아 대기보전국의 초저공해 규제 기준을 만족시켜 친환경성을 공인받았다.

적으로 비싸서 사람들에게 크게 호응을 얻지 못하고 있거든.

하이브리드카(HEV, Hybrid Electric Vehicle)는 1990년대 초에 환영받았던 전기차(Electric Vehicle)의 대안으로 새롭게 떠올랐던 차종이야(전기차에 대한 얘기는 이따 자세히 들려줄게). 가솔린엔진과 전기 모터(배터리), 디젤엔진과 전기 모터, 수소 연소 엔진과 연료전지(연료의 연소 에너지를 열이 아닌 전기에너지로 직접 바꾸는 전지) 등 두 가지 구동장치를 동시에 탑재해 연비를 2배쯤 향상시키고 일산화탄소와 질소산화물 같은 환경오염 요소를 10~15% 정도 줄일 수 있다는 게 최대 장점이지. 주행 중 자체 발전기를 수시로 돌려서 전기를 만들어내고 배터리를 충전해뒀다가 그 전기로 전기 모터를 작동시키기 때문에 별도의 충전소가 필요 없다는 장점도 있어. 말하자면 자동차가 엔진으로 주행할 때 낭비되는 에너지를 적극적으로 모아 전기로 바꿔 사용하는 거야.

가장 대표적인 조합은 가솔린엔진과 전기 모터야. 기존에 나와 있던 차들이 오직 엔진의 힘으로만 차를 움직였다면, 하이브리드카는 2개의 동력원, 즉 엔진과 전기 모터가 함께 작동해서 힘을 발휘해. 엔진과 변속기 사이에 회전 속도가 좋은 전기 모터와 대규모 배터리가 있거든. 전기 모터로 시동을 걸고, 일정 속도

또 하나의 대안 전기차, EREV(Extended Range Electric Vehicle) 

'주행거리 확장형 전기차'. 플러그인 하이브리드카와 다른 점은 엔진이 차를 구동시키는 게 아니라 배터리를 충전하는 역할을 한다는 것이다. 짧은 거리를 운행할 때는 가정용 전기로 충전한 배터리 전원만 사용하고, 그 이상의 거리를 운행할 때는 엔진의 힘으로 전기를 발생시켜 주행이 계속 가능하도록 한다. 이를 위해 장착된 5~10kW급 소형 고효율 온보드 발전기가 배터리를 충전한다. 전기차의 최대 단점인 주행거리 및 충전 인프라 부족에 따른 수요의 한계를 극복할 수 있는 대안인 셈이다. 도심형 중거리용 전기차로서 총 주행거리는 300km, 최고 시속은 150km다. 대표적인 차종은 GM의 '시보레 볼트'이고, 국내에서는 쌍용자동차가 2012년 2종을 선보였다. '국제환경산업기술 · 그린에너지전(ENVEX)'에서 '코란도C'를 모델로 개발한 EREV를, '파리 모터쇼'에서 EV 콘셉트카인 'e-XIV'를 출품한 것이다. 현재 쌍용은 2015년 양산을 목표로 EREV 제작 및 시험 평가 중이라 한다.

가 붙을 때까지 전기 모터가 엔진의 보조 동력 역할을 하지. 주행 중 속도를 줄이면 차의 운동에너지가 배터리에 저장되고, 이것을 신호 대기 등으로 정차했을 때 사용하면서 동시에 엔진이 정지되기 때문에 연료가 절약돼.

하이브리드카는 직렬형과 병렬형, 혼합형으로 나뉘어. 우리나라에서는 2005년 현대자동차가 우리 기술로 '병렬형 소프트 하이브리드 전기차'를 개발해 다시 주목을 받았어. 하이브리드카를 처음 양산한 곳인 만큼 발전 속도도 빨랐지. 현대는 이것으로 연비를 혁신적으로 향상시키고 배기가스에 대한 북미 규제인 ULEV(Ultra-Low Emission Vehicle, 초저공해 자동차)를 만족시키며 또 한 번 'IR52장영실상'을 수상했어.

최근에는 '플러그인 하이브리드(Plug-in Hybrid)' 방식이 주목받고 있어. 외부 전원으로 충전할 수 있는 별도의 배터리를 사용할 수 있어 전기 사용이 좀 더 적극적이야. 미리 충전해둔 별도 배터리로 전기 모터를 작동시킨 후 차에 내장된 배터리로 엔진을 최종 가동시키기 때문에 가솔린 등의 연료 소비 없이 더 많은 거리를 주행할 수 있고, 그만큼 연비를 높일 수 있지. 기존 하이브리드카에 전기차의 기능을 더한 거라고 보면 돼. 그래서 'PHEV(Plug-in Hybrid Electric Vehicle)'라고도 하지.

국내에서는 현대자동차가 2014년 '쏘나타 PHEV'를, 기아자동차가 2015년 플러그인 하이브리드카를 출시할 계획이라고 해. 한국GM은 플러그인 하이브리드카인 '시보레 볼트'가 현재 미국에서 판매되고 있기 때문에 국내에도 언제든 내놓을 수 있지만, 아직 본격적으로 탈 수 있는 단계가 아니라서 판매 시기를 구체화하진 않았어. 우리가 플러그인 하이브리드카를 본격적으로 타려면 먼저 해결해야 하는 과제들이 있거든. 관건은 배터리야. 한 번 충전으로 최소 300km 이상 갈 수 있어야 하고, 지금의 주유소처럼 어디서든 쉽게 충전할 수 있어야 하며, 충전 시간도 5분 이내로 짧아야 하지. 가격이 저렴해야 하는 것은 물론, 수명도 5~7년은 거뜬히 쓸 수 있을 만큼 길어야 해.

연료전지가 들어가는 **자동차**는 어떤 거예요?

하이브리드카의 또 다른 진화 버전이라 할 수 있지. '연료전지차(FCEV, Fuel Cell Electric Vehicle)' 또는 '수소연료전지차'라고 하는데, 수소를 직접 태우지 않고 공기 중 산소와 반응시켜 전기를 만드는 연료전지로 모터를 작동시키는 전기차의 일종이야. 내연기관인 엔진 없이 니켈(양극)과 수소흡장합금*(음극)이 일으키는 물의 전기적 분해 작용으로 수소와 산소를 분리해 전기를 발생시키기 때문에 물만 배출하고 배기가스가 전혀 나오지 않지. 하이브리드카가 '저공해 차'라면 연료전지차는 '완전 무공해 차'인 셈이야. 수소와 공기의 화학반응으로 물과 전기가 생성되니 소음이 적고, 기존 가솔린엔진 자동차보다 효율성이 월등히 높아 연비 부담을 덜어준다는 것도 강점 중 하나지.

우리나라에서는 현대자동차가 1998년부터 개발을 시작해 2000년 11월 '싼타페'를 모델로 처음 선보였고, 2006년에는 '투싼' 연료전지차를 독자 기술로 개발했어. 그리고 2013년 2월, 세계 최초로 연료전지차 양산을 시작했지. 2010년 3월 '제네바 모터쇼'에서 첫선을 보이며 전 세계의 이목을 집중시킨 독자 3세대 모델 '투싼ix'가 그 주인공이야.

현대자동차의 연료전지차 양산 모델인 투싼ix는 현대자동차가 독자 개발한 100kW급 연료전지 시스템과 700기압 2탱크 수소 저장 시스템이 탑재돼 있고, 영하 20℃ 이하에서도 시동이 걸린대. 한 번 충전으로 594km까지 갈 수 있으며, 최고 속도는 160km/h. 연비는 가솔린을 기준으로 환산했을 때 27.8km/*l*(NEDC 유럽 연비 시험 기준)인데, 이는 현재 세계 최대 수준이라고 해.

더욱 고무적인 일은 2011년 8월 미국의 시장조사 기관인 파이크리서치(Pike Research)가 다임러, GM, 혼다, 토요타, 현대기아를 '연료전지차 시장의

* **수소흡장합금(hydrogen absorbing alloy)** 높은 압력이나 낮은 온도에서는 열을 발생시켜 수소를 흡수, 금속 수소화물(수소가 다른 원소와 결합해 이룬 화합물)을 만들고, 압력을 낮추나 열을 가하면 열을 흡수해 수소를 방출하는 성질의 합금.

리더로 올라설 5대 경쟁 업체'로 선정하고 연료전지차 제조업체 평가를 내렸는데, 현대기아가 다임러, 혼다, 토요타 다음으로 4위에 올랐다는 거야. 그럼에도 이들보다 먼저 양산을 시작하고, 기술력까지 인정받았으니 놀랍고도 대견한 일이지. 더구나 그들보다 10여 년 늦게 개발을 시작했는데 말이야.

투싼ix는 지금 덴마크의 수도 코펜하겐시를 달리고 있어. 현대자동차가 2013년 6월 덴마크의 첫 수소충전소 개소를 기념하며 15대를 보냈거든. 이 차들은 코펜하겐시의 관용차로 쓰인대.

국내에서는 연료전지차를 언제쯤 타게 되냐고? 이미 타봤거나 타고 있는 사람들이 있어. 현대자동차가 2006년부터 2010년까지 산업통상자원부의 지원을 받아 연료전지차 30대와 연료전지 버스 4대를 시범 운행했었거든. 2012년부터는 사회복지, 환경 및 시설 관리 등을 목적으로 총 100대(현대의 '투싼ix' 48대, 기아의 '모하비' 52대)가 서울과 울산의 도로를 달리고 있고 말이야. 2011년부터 인천공항 무료 셔틀버스로 운행되고 있는 연료전지 버스 2대는 2013년 말까지 운행을 계속한대.

그렇다면 연료전지차의 미래는 어떨까? 2011년 4월 파이크리서치의 발표에 따르면 2015년을 기점으로 전 세계 연료전지차 시장이 고속 성장해 2020년에는 누적 판매량이 120만 대를 기록할 거라고 해. 또 미국의 오크리지국립연구소는 2012년 '수소와 연료전지차 기술 프로그램 연례 회의'에서 수소를 연료로 사용하는 자동차가 2050년이면 70%의 시장점유율을 갖게 될 거라고 전망했지.

하지만 실제로 상용화되려면 연료전지차 또한 해결해야 할 과제들이 있어. 자동차 가격과 연료 충전 인프라가 가장 문제야. 연료전지차가 처음 나왔을 때 가격이 얼마였는지 들으면 아마 깜짝 놀랄걸. 무려 10억 원이었어. 현재 산업통상자원부의 지원을 바탕으로 각종 연구개발과 시험을 거치고 있으니까 가격이 차츰 낮아지긴 할 거야. 2015년까지 5천만 원 미만으로 낮추는 게 목표래. 여기에 더 나은 신기술이 적용되고 대량생산이 가능해지면 2020년경에는 40분의 1까지 가격이 내려갈지도 몰라.

수소충전소의 경우 2013년 현재 우리나라에는 전국에 걸쳐 총 13개가 운영되고 있어. 독일은 2015년까지 100개, 미국은 캘리포니아를 중심으로 68개를 구축할 예정이라고 밝혔는데, 이 계획들에 비하면 우리나라는 아직 턱없이 부족한 수준이지. 수소충전소 확대를 위한 정부와 에너지업체들의 계획과 노력이 필요해.

하이브리드카와 연료전지차보다 먼저 나온 게 **전기차**인데, 우리나라에는 **왜 아직 보편화**되지 않았어요?

하이브리드카나 연료전지차처럼 상용화를 위해 해결해야 할 문제들이 아직 남아 있거든. 우선 우리나라에서는 언제 처음 만들어졌는지 궁금하지?

우리나라 최초의 전기차는 86아시안게임 때 TV 중계용으로 만들어진 기아의 '베스타'야. 배터리 한 번 충전으로 총 141km를 달릴 수 있었고, 최고 속도는 72km/h였어. 미국과 일본 다음으로 세계에서 세 번째 만들어진 거였지만, 기술 수준은 그리 높지 않았지.

이후 현대자동차가 1990년부터 전기차 시스템을 연구하기 시작했어. 하이브리드카에 대한 일본의 특허 장벽이 너무 높아 대안으로 개발에 박차를 가했지. 꽤 체계적이고 지속적으로 진행한 덕분에 1990년대 중반에는 눈에 띄는 성과를 보였어. 1991년 11월에 개발한 전기차 1호는 성능이 많이 부족했지만, 현대는 그걸 차츰 발전시켜 1995년에는 장거리 운행이 가능하고 자동 항법 장치와 태양전지 등을 장착한 가변연료식 전기차 5호를 선보였어. 보조 동력 장치를 이용하면 최대 810km까지 주행할 수 있는 5인승 왜건형 스포츠카였지. 1996년에는 니켈-메탈 수소전지와 자체 개발한 모터를 장착한 전기차가 나왔어. 이것으로 현대자동차는 이듬해 미국 캘리포니아 대기보전국으로부터 인증을 받았는데, 미국의 3대 자동차업체와 일본의 혼다에 이은 다섯 번째였지.

그런데도 우리는 왜 전기차를 마음껏 못 타고 있는 걸까? 이건 비단 우리나라에만 해당되는 문제는 아니야. 2006년 미국에서 나온 다큐멘터리 영화 〈누가 전기차를 죽였나?(Who killed the electric car?)〉를 보면 그 이유를 좀 더 자세히 알 수 있지. 제목 그대로 전기차가 상용화되지 못한 이유에 대해 다각도로 파고들었거든.

영화의 첫 장면이 아주 인상적이야. 거대한 자동차 행렬과 함께 장례식이 치러지는데, 주인공은 다름 아닌 전기차. 1996년 미국의 자동차회사 GM이 미래형 자동차라며 야심차게 개발해 캘리포니아 지역에서 선풍적인 인기를 끌었던 전기차 'EV1(Electric Vehicle 1)'이었어. 한 번 충전으로 최장 300km까지, 최고 시속 150km로 달릴 수 있고 톰 행크스, 멜 깁슨 등 할리우드의 유명 배우들이 구입해 화제를 모았던 차지. 그런데 9년 후 EV1의 장례식이 치러진 거야. 그사이 무슨 일이

• 우리나라 최초의 전기차 기아의 '베스타'

있었고, 사람들은 왜 자동차의 장례식을 치렀는지 궁금하지 않니?

영화를 보면 GM은 EV1을 구입한 사람들로부터 소리 소문 없이 차를 모두 돌려받고는 인적이 없는 애리조나 사막에 그 차들을 모아놓고 압축기로 모조리 눌러 폐기해버려. 그 일을 진행하면서는 EV1 제조공장을 조용히 폐쇄했고. EV1 개발에 참여한 GM의 직원들조차 영문을 알 수 없는 일이었어. 심지어 EV1가 사라지면서 그들도 회사를 나와야 했지. 이상한 건 또 있어. 애초 EV1을 타겠다는 대기자 명단은 4천 명이나 됐는데, 마지막에 가서는 무슨 영문인지 50명으로 확 줄어버린 거야. 한때 EV1을 탔던 전기차 애호가들은 이 사실을 알고 무척 분노했어. 그도 그럴 것이 안전하고 조용하고 자연친화적인 EV1의 성능에 만족하며 잘 타고 있던 중 GM이 강제로 차를 회수해 가버렸고, 그 모습을 속수무책으로 지켜볼 수밖에 없었거든. 전기차를 다시 타게 해달라며 집회도 열어봤지만, 어떤 답도 들을 수 없었고 어떤 변화도 없었어. 그런데 영화를 보다 보면 알게 돼. 석유재벌, 자동차 부품업체, 정치인, 정부 그리고 EV1을 경험해보지 않은 소비자들까지 한편이 되어 전기차를 사장시켜버렸다는 걸.

영화에서도 그렇고, 전기차가 실제 도로 위를 달리는 걸 반대하는 사람들이 이유로 꼽는 건 이거야. 속도 내어 쌩쌩 달릴 수 없고, 충전하는 데 시간이 오래 걸리는 데다 충전소가 주유소처럼 많지 않으며, 한 번 충전으로 갈 수 있는 거리가 너무 짧다는 것. 그리고 차가 너무 비싸다는 것. 안전하고 조용하고 친환경적이라는 장점은 여기에 다 묻혀버리는 거지.

하지만 전기차는 진화하고 있어. 상용화되는 날이 멀게만 느껴지는 상황에서도 자동차업체들은 개발을 멈추지 않고 있거든. 새로운 전기차도 하나둘씩 다시 나오는 중이야. 핵심 부품인 배터리와 전기 모터, 제어장치들이 발전하면서 다른 차종과의 경쟁력을 갖게 됐고, 앞서 말한 플러그인 하이브리드카도 하나의 대안으로 떠오르고 있으니까. 이렇게 발전을 거듭하다 보면 가격 문제도 점차 해결되지 않겠니?

전기 자동차 vs. 일반 자동차

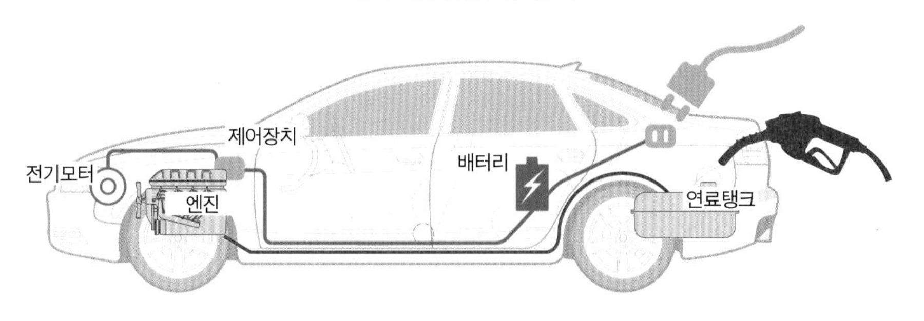

구분	전기 자동차	일반 자동차
연료	전기	휘발유 또는 경유
주행거리	1회 충전 시 약 150km	1회 주유 시 300km 이상
연료 보충 시간	급속 충전 시 약 30분	주유 시 5분 이내
연료비 (50km/일×25일) 운행 시	20,895원(199kW)	164,969원(84.5l)
연료 보충 인프라	국내 급속 충전 인프라 부족	국내 주유 인프라 풍부
배기가스	없음	발생
차량 가격	일반 자동차보다 비쌈	전기 자동차보다 쌈
소음	없음	엔진 작동 시 큰 소리가 남

우리는 언제쯤 **전기차**를 **맘껏** 타게 될까요?

아직은 시기를 못 박을 수 없지만, 좀 더 지켜볼 필요는 있을 것 같아. 자동차 업체들이 자체적으로 개발 노력을 하고 있는 것처럼 정부에서도 '그린카 산업'이라는 정책을 발표해 기술 개발을 지원하고 있거든. 그린카 개발은 전 세계적인 추세이기도 해. '그린카(Green Car)'란 유해 가스와 이산화탄소 등 공해를 일으키지 않는 차세대 친환경 자동차야. 전기차를 비롯한 하이브리드카, 플러그인 하이브리드카, 연료전지차, 클린디젤차 등이 모두 그린카에 포함되지.

2010년 12월부터 우리 정부가 범정부 차원에서 추진하고 있는 그린카 산업의 핵심은, 정부가 그린카 차종별로 향후 5년간의 양산 로드맵을 제시하고, 자동차 업계가 여기에 적극적으로 투자하도록 하는 거야. 플러그인 하이브리드카는 2012년, 연료전지차는 2015년, 클린디젤 버스는 2015년에 양산하는 걸 목표로 하고 있지. 2015년까지 120만 대의 그린카를 생산하고, 90만 대를 수출하며, 국내 시장에서는 수요의 21%를 달성하겠다는 계획이야. 이렇게 해서 궁극적으로는 2020년까지 친환경 자동차 300만 대를 보급하고, 대기오염 물질 30만 톤, 온실가스 6,700만 톤을 감축하겠다는 거지.

이 과정에서 국산화 전략이 빠지면 안 되겠지? 전기차의 부품 경량화를 비롯해 모터, 공조 부품, 배터리, 충전기, 하이브리드카의 동력전달장치, 연료전지차의 스택(일종의 소형 발전기), 클린디젤차의 커먼레일엔진* 핵심 부품, 후처리 시스템 등 8대 주요 부품을 100% 국산화하는 것도 그린카 산업의 목표 중 하나야.

이에 따라 우리 자동차업체들도 좀 더 발전된 기술과 좀 더 나은 성능을 가진, 오직 배터리로만 운행되는 순수 전기차(BEV, Battery Electric Vehicle)를 속속 출시하고 있어. 리튬이온 등의 2차 전지에 전기를 충전해 모터를 작동시키는 원리지. 현대기아자동차는 2010년 '블루온'과 '레이EV'를 출시해 공공기관용으로 판매하고 있고, 준중형급 이상 순수 전기차의 양산 체제를 2014년까지 갖추겠다는 계획하에 기술 개발을 계속 추진 중이야. 르노삼성은 'SM3'를 기반으로 전기차를 개발해 곧 출시할 예정이고. 현재 2015년까지 1만 3천 대의 전기차 생산을 목표로 양산 라인을 구축하고 있지. 한국GM 역시 '마티즈', '라세티', '올란도', '스파크' 등을 기반으로 전기차 개발과 양산 라인 확보에 힘쓰고 있어. 이렇게 해서 개발과 생산이 순조롭게 이루어지면 우리 자동차 산업은 더 큰 세계 시장에서 국제경쟁력을 갖추

* 커먼레일엔진(Common Rail Direct Injection Engine) 정밀 전자 제어가 가능한 압축 장치와 응답성이 뛰어난 연료 분사 장치를 이용해 운전 상태에 맞게 연료를 분사해주는 친환경 엔진.

• 배터리로만 운행되는 순수 전기차들, 현대기아자동차의 '블루온'(왼쪽)과 '레이EV'(오른쪽)

게 되는 거야.

그런데 얼마 전 뉴스를 보니까 반가운 소식이 들리더라. 2013년 10월 창원에서 일반 시민들을 대상으로 전기차 시승식을 가졌고, 제주도에서는 2013년 10월부터 전기차가 본격적으로 운행된대. 이번엔 시범 운행이 아니라 일반인들이 실제로 구입해서 타게 된다고 해. 청정 지역 제주의 멋진 풍경을 배경 삼아 일반인들이 전국 최초로 타게 될 전기차 3종은 앞서 말한 현대기아자동차의 '레이EV', 르노삼성의 'SM3 Z.E.', 한국GM의 '스파크EV'야. 회사마다 한 번 충전으로 달릴 수 있는 거리와 시간을 각각 광고하고 있는데, 실제로는 어떨지, 그동안 전기차 기술이 얼마나 발전해 있을지 아빠는 꽤 기대하고 있어. 전기차에서 가장

클린디젤차(Clean Diesel Car) 

전기차, 하이브리드카, 연료전지차와 더불어 '4대 그린카' 중 하나로 꼽힌다. 클린디젤은 일반적으로 유럽연합이 정한 '유로-5'라는 배기가스 규제 기준으로 구분한다. 기존 디젤엔진에 고압 연료 분사 방식을 적용하고 촉매 장치 등을 장착해 엔진의 불완전연소 문제를 획기적으로 개선, 이산화탄소 배출량이 적으며 연비가 높다. 이산화탄소 배출량은 휘발유 자동차나 LPG 자동차보다 약 10~20% 적고, 연비는 휘발유 및 CNG 자동차보다 30% 이상, LPG 자동차보다 80% 이상 뛰어나다. 이후 NOx를 재회수하는 기술 등도 적용되어 고성능, 고연비를 유지하면서 더욱 환경친화적인 내연기관으로 자리매김했다. 유럽에서는 친환경차로서 이미 각광받고 있으며 기술 수준도 현재까지는 우위다. 우리나라에서는 현대기아자동차가 그 뒤를 바짝 쫓고 있다. 그동안은 국내보다 수출용 위주였으나, 최근 수입 차 중 클린디젤 승용차가 인기를 끌자 'i40' 모델로 새롭게 출시했다.

큰 장애물로 여겨지는 충전소는 제주에 이미 730여 개가 설치돼 있고, 추가로 계속 설치할 예정이래. 심지어 전기차를 구매한 사람에게는 환경부가 직접 구매자의 주차장에 개인용 충전소까지 만들어준다고 하니, 한번 타볼 만할 것 같아. 이게 다 우리 자동차업체들이 전기차의 가능성을 놓치지 않고 꾸준히 개발해온 덕분이지.

전기차 상용화를 위한 또 하나의 긍정적인 움직임은 정부가 일정 규모 이상의 아파트나 공동주택 등을 신축할 경우 전기차 충전기 설치를 의무화하는 방안을 마련할 계획이라는 거야. 그런데 행정상 권고 단계인 현재, 아파트 건설업체들은 이미 솔선해서 전기차 충전기를 설치하고 있어. 2014년까지 완공 예정인 전국의 신규 아파트에 약 130개(급속 충전기 50개, 완속 충전기 79개)의 전기차 충전기 설치 공사가 진행되고 있대. 앞으로 전기차 시장이 활성화되리라고 판단한 거지. 물론 아파트 브랜드의 친환경 이미지를 높이는 데도 도움이 되고 말이야.

이런 추세라면 전기차의 상용화가 생각보다 당겨질지도 모르겠다. 그러니 선우야, 이제 우리는 기대하는 마음으로 친환경 자동차들의 활약을 지켜보자.

또 하나의 친환경 전략! 재활용되는 자동차

새 차 구입 후 폐차하기까지의 평균 기간이 외국은 15년, 우리나라는 8년 정도로 알려져 있다. 과거에는 폐차가 고철덩어리에 불과했지만, 요즘은 또 하나의 자원으로서 재활용되고 있고, 이것은 경제적 이익과 함께 환경보호라는 의미까지 더하고 있다.

우리나라에는 연간 70만여 대의 폐차가 발생한다. 경제적 가치로 환산하면 약 11조 5천억 원이다(삼성경제연구소, 2011년 기준). 자원이 부족한 우리로서는 폐차의 재활용이 이만큼의 이익을 가져다준다는 것이 반가울 따름이다.

지금까지 우리가 폐차에서 재활용한 자원은 주로 철, 비철 등 금전적 가치가 높은 희유금속(산출량이 매우 적은 금속으로 니켈, 코발트, 크롬, 망간, 타탄 따위가 있다)이었다. 하지만 앞으로는 플라스틱, 고무, 유리 등 모든 자원을 재활용하고, 온실효과를 일으키는 폐냉매 역시 전량 회수해 처리하는 체계를 구축할 예정이다. 폐차 부품 및 소재별로 재활용 비율을 따져보면 전장품과 엔진 등 폐차의 20~30%는 중고품으로 재사용하고, 50~55%를 차지하는 철, 비철금속, 배터리 등은 소재로 재활용한다.

자동차 자원 순환 개념도

제조·수입사
소유자
폐차업
파쇄재활용업
파쇄잔재물
잔재물재활용
전장품, 엔진 등
비철금속, 배터리 등
철, 비금속 등
폐가스류처리업
재사용(중고품) 20~30%
소재로 재활용 50~55%
매립(연료) 등 20~25%
재활용품 등

현대자동차, 〈지속가능성보고서〉(2013)

이처럼 폐차의 재활용도를 높이려면 고난이도의 해체 기술과 재활용 기술이 필요한데, 최근 관련 기술들이 속속 개발되고 있다. 특히 해체 기술은 필수다. 폐차 과정의 속도를 높이고 비용을 내릴 수 있어서다. 먼저 해체 시간이 많이 걸리는 에어백의 경우 얼마 전 현대자동차가 에어백 해체 시간을 단축시키는 장치를 개발한 것으로 알려졌다. 친환경차로 주목받고 있는 하이브리드카와 전기차에는 방전 장치가 있어야 안전하게 해체할 수 있다. 이 차들에 장착된 리튬이온 배터리는 전압이 높고 전류량이 많아 폐기할 때 위험하기 때문이다. 최근에는 자동차를 설계할 때부터 재활용을 염두에 두고 해체가 쉽도록 하고 있다는 것이 업계 관계자들의 설명이다. 한편 폐차할 때 20~25% 발생하는 파쇄 잔재물의 열에너지를 매립하지 않고 회수해 또 다른 에너지 연료로 쓰도록 하는 기술도 필요하다.

현재 우리나라에서는 폐차의 85% 정도를 재활용하고 있다. 정부는 2015년 95%까지 끌어올리는 것을 목표로 2013년 2월 '폐자동차 자원 순환 체계 선진화 시범 사업'을 시작했다. 환경부와 현대기아자동차가 함께한다.

10

우리가
이런 자동차를 타게 된대요!

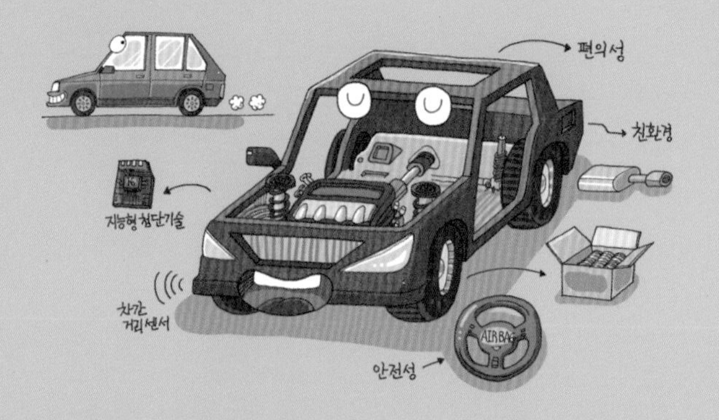

전 세계 자동차는 이제 더 이상 단순한 기계공학적 발전에만 머물지 않는다. 여러 분야의 기술들을 접목해 그것들의 발전과 더불어 진화하고 있다. 그렇다면 우리 자동차 산업이 추구해야 할 미래형 자동차는 무엇일까? 미래형 자동차에 대한 세계적 흐름을 다각도로 살펴보면서 대한민국 자동차 산업의 미래를 점쳐본다.

하늘을 나는 자동차를 타고 싶어요!

"아빠, 어젯밤에 엄청 신나는 꿈을 꿨어요."

"어떤 꿈이었길래?"

"아직 운전면허도 없는데 자동차를 막 운전하면서 하늘까지 날아다녔어요. 얼마나 신나고 재미있던지, 그 느낌이 아직 생생해요. 아무래도 어제 아빠한테 들은 전기자동차 얘기가 하도 인상적이어서 그랬나 봐요."

"그 정도였어? 한데 선우야, 그 꿈은 곧 현실이 될 수도 있어."

"정말 그렇겠죠? 그런데 그때는 도대체 언제일까요? 제가 아빠 나이가 되면 될까요?"

“글쎄, 어쩌면 그보다 더 빨라질 수도 있지. 너는 미래에 어떤 자동차를 타고 싶니?”

“음……. 일단 꿈에서 경험한 것처럼 하늘을 날 수 있는 차요. 그리고 저처럼 운전면허가 없어도, 운전을 못해도 마음껏 차를 타고 다닐 수 있는 무인자동차가 있으면 좋겠어요. 아! 주차 문제가 심각하니까 접거나 돌돌 말아서 가방에 넣을 수 있는 차도 나오면 좋겠네요!”

“하하하하. 접거나 돌돌 말아서 가방에 넣을 수 있는 자동차는 아주 신선한데! 역시 너희는 정말 창의적이야. 아빠는 네 덕분에 또 한 번 미래에 대한 희망을 발견하게 되는구나.”

그때였다. 선우의 늦둥이 동생 지우가 레고 블록으로 만든 뭔가를 들고 아빠와 선우에게 다가왔다. 언뜻 보기엔 자동차 같았는데, 자세히 보니 아닌 것도 같았다.

“막둥아, 이거 뭐야?”

“자동차! 미래로 가는 자동차야. 이걸 타면 미래로 갈 수 있어. 난 이거 타고 빨리 어른이 될래.”

뜻밖의 대답에 아빠와 선우는 잠시 말을 멈추고 서로를 바라봤다. 어쩐지 많은 생각을 하게 하는 막둥이의 말이었다.

“미래로 가는 자동차라……. 이건 어쩐지 타임머신과는 또 다른 느낌으로 다가오는구나. 선우 너는 어때?”

“네, 저도 그래요. 지우는 어리니까 깊이 생각 안 하고 그냥 말한 거일지 모르지만, 제가 받아들이기엔 단순 타임머신 개념은 아닌 것 같아요. 아니, 그랬으면 좋겠어요.”

“아빠랑 같은 생각을 했다는 거네. 그럼, 선우야. 우리도 지금부터 미래로 가는 자동차를 한번 타볼까?”

“헉! 아빠, 손발 오그라들게 왜 그러세요~ 하지만 좋아요. 같이 가요. 미래로 가는 자동차, 출발!”

곧 탄생할 **미래형 자동차**는 어떤 것들이에요? 이걸 알면 자동차에 대한 미래의 그림을 더 다양하게 그릴 수 있을 것 같아요.

우선 네가 타보고 싶다는 무인자동차가 몇 년 이내로 출시될 것 같아. 독일의 메르세데스-벤츠가 '2013 프랑크푸르트 모터쇼'에서 무인자동차를 선보여 화제가 됐거든. 자동차가 무대로 올라올 때 핸들은 움직이고 있었지만 안에는 정말 운전자가 없었고, 차는 아무렇지 않다는 듯 바퀴를 굴려 무대 위에 섰어. 이미 100km 도로 주행에도 성공했다고 하는데, 그 과정에서 스스로 속도를 조절하고 신호등과 횡단보도 앞에서는 자연스럽게 멈춰서기까지 했대. 3대의 입체 카메라와 내부에 장착된 레이더가 차 주변의 움직임을 감지한 덕분이지. 핵심 기술은 위치 추적 장치인 GPS와 차선 정보까지 세밀하게 인식하는 IT 기술이야. 이건 다른 모든 무인자동차에도 적용되는 공통 기술이지. 메르세데스-벤츠는 늦어도 2020년까지 양산 모델을 출시하겠다는 계획을 밝혔어.

메르세데스-벤츠뿐 아니라 BMW와 아우디, 우리나라를 비롯한 다른 나라 자동차업체들도 무인자동차 개발을 한창 진행하고 있거나 서서히 마무리하고 있는 분위기야. 우리나라의 현대기아자동차, 미국의 포드, 스웨덴의 볼보, 일본의 닛산, 혼다, 토요타 등이야.

현대기아자동차는 2010년 11월 '투싼' 무인자동차를 공개했어. 포장도로와 비포장도로가 섞인 4km 도로를 달리면서 차선 이탈 방지, 횡단보도 앞 정지, 장애물 피하기, 좁은 터널 통과 등의 시범을 보여 사람들에게 낯설지만 새로운 광경을 선사했지. 차는 최고 속도 80km/h까지 달릴 수 있도록 개발됐어.

• 현대자동차의 무인자동차 '투싼'

우리나라는 특이하게 자동차회사가 아닌 대학과 연구기관에서도 무인자동차를 개발하고 있어. 카이스트는 지정된 도로에서 차선을 따라 10km/h 속도로 세 시간 동안 달릴 수 있는 무인자동차 '큐브'를, 한국전자통신연구원은 '에스트로'를 각각 선보였고, 국민대와 한국기술교육대 등은 '자율주행자동차경진대회'를 통해 각자 개발한 시범 무인자동차를 공개하기도 했지.

그런데 의외의 등장인물이 있어. 자동차업체가 아닌 IT 기업 구글이 도심과 고속도로에서의 46만km 시험 주행까지 마치고 무인자동차 출시를 앞둔 상황이라는 거야. 더 놀라운 건 완성차업체들과 손을 잡지 않고 2010년부터 독자적으로 기술을 개발한 뒤 직접 생산까지 고려하고 있다는 사실이지. 그런데 생각해보면 아주 불가능한 일도 아니다 싶어. IT계의 거물답게 무인자동차에 필요한 첨단 전자 기술과 소프트웨어를 이미 충분히 확보하고 있을 테니까.

한편 구글은 이 프로젝트를 본격화하는 과정에서 미국의 전기차회사인 테슬라모터스를 비롯한 몇 개의 부품업체와 접촉하고 있는 것으로 알려졌어. 또 일본 토요타가 만든 최초의 하이브리드 양산 차 '프리우스'를 포함해 다양한 모델을 개조해서 만들기 시작한 자신들의 무인자동차를 '로보 택시(Robo-Taxi)'로 선보일 예정이라고 해. 원하는 장소, 원하는 시간에 택시를 부르면 운전사 없이

우리나라 최초의 무인자동차

1992년 10월, 당시 고려대 산업공학과에 재직하던 한민홍 교수팀이 1년간의 연구 끝에 군용 지프차를 개조해 100% 국산 장비로 자체 개발한 것이 최초다. 비디오카메라로 찍은 도로의 영상을 컴퓨터에 입력해 핸들과 브레이크 등 주행 장치를 시속 30~40km로 자율 조종할 수 있었으며, 말하는 기능까지 갖추고 있었다. 비록 실용화할 수 있는 단계는 아니었지만, 외국 기술에 의존하지 않고 자체 장비와 기술로만 선진국의 첨단 수준을 따라잡았다는 데 큰 의의가 있다. 이후 한 교수는 2000년까지 4대의 무인자동차를 더 만들었는데, 도로에서 실제 주행 가능한 조건을 충족한 차는 마지막 무렵에 나왔다. 기아자동차의 소형차 '리오'를 개조, 6개의 카메라와 레이더를 달고 컴퓨터를 이용해 시속 100km를 웃도는 자동 주행에 성공한 것이다. 다양한 환경의 국내 도로에서 실제 주행한 결과, 경부고속도로와 호남고속도로 같은 주요 고속도로는 물론 서울 내부순환도로를 주야간 관계없이 시속 100~130km로 달릴 수 있었다.

차만 나타나 사람들을 이동시켜주는 거지.

구글의 이 같은 행보에 대해 전문가들은 이런 분석을 내놨어. 미래에는 자동차가 컴퓨터 혹은 모바일 기기 같은 하드웨어 산업의 최신판이 될 수도 있다고 말이야. 컴퓨터나 모바일 기기의 특징은 다양한 소프트웨어들을 담는, 그야말로 몸통에 불과하잖아. 소프트웨어 없이 그것 자체만으로는 어떤 기능도 할 수 없으니까 말이야. 무인자동차도 그런 맥락에서 볼 수 있는 거지. 분명 기계와 부품들로 몸체는 구성되지만 차를 움직이는 소프트웨어가 있어야만 제 기능을 하는 것. 자동차가 미래 하드웨어 산업 중 하나가 될 거라고 점치는 이유야. 이런 날이 오리라고, 과거엔 그 누가 감히 상상이나 할 수 있었을까?

그런데 선우야, 무인자동차가 상용화되면 마냥 좋기만 할까? 좋은 점은 이미 충분히 예상할 수 있지만, 미처 고려하지 못했던 문제 상황도 발생할 거야. 일단 좋은 점부터 꼽아보자. 기본적으로는 당연히 편리해지겠지. 운전이나 주차 때문에 스트레스받지 않아도 되고, 도로에서 시간을 낭비하는 일도 없을 거야. 운전대를 잡지 않아도 차가 저절로 움직이니까 잠깐 잠을 자거나, 뭘 먹거나, 업무를 볼 수도 있겠지. 교통사고도 거의 일어나지 않을 거야. 이건 무인자동차의 최대 목적이기도 한데, 갖가지 센서들이 돌발 상황에 미리미리 대처하니까 사고의 가능성이 매우 낮을 수밖에 없지.

좋은 점 혹은 획기적인 점으로 또 하나 생각해볼 수 있는 건 자동차를 스마트

무인자동차, 진짜 이름은 따로 있다 ▼

무인자동차의 특성을 정확하게 표현하는 용어는 '자율주행자동차(Autonomous Vehicle, Self-driving Cars)'다. 그러나 국내에서는 '운전자 조작 없이도 달리는 차'라는 뜻에서 '무인자동차'라는 표현을 흔히 쓴다.

폰처럼 고르게 될지도 모른다는 거야. 이건 아까 말한 자동차의 하드웨어화와 일맥상통하는 얘긴데, 자동차 자체의 디자인이나 성능보다는 그 안에 탑재된 소프트웨어, 즉 안전성과 편의성을 보장하는 프로그램이 얼마나 잘 갖춰져 있는지가 선택의 기준이 될 수 있다는 거지.

한편 미리 예상해볼 필요가 있는 문제로는 관련 법규를 어떻게 마련해놓을 것인가가 있어. 만에 하나 사고가 발생할 경우 그 책임을 누가 지느냐 하는 거야. 운전자가 져야 할까? 아니면 소프트웨어의 결함을 낳은 해당 업체가? 사생활 침해 문제도 대두될 수 있어. 지금까지 나와 있는 무인자동차들만 보더라도 최소 3대 이상의 카메라가 자동차에 장착되고, 그걸로 주변 상황을 모두 감지하는데 과연 사각지대가 있을까? 생각하면서 지켜볼 일이야.

자동차가 하늘을 날아다닐 수는 없어요?

놀랍게도 하늘을 나는 자동차 역시 세상에 나와 있어. 심지어 2015년이면 상용화도 가능할 거라고 해. 2013년 8월, 미국 항공자동차 전문 제조업체 테라푸기어가 날개 달린 자동차 '트랜지션'을 공개하며 20분간의 에어쇼를 선보였거든. 조종석을 포함한 2인승에 바퀴가 4개 달렸고, 날개는 일반 승용차의 뒷좌석에 해당하는 부분에 있는데, 땅 위를 달릴 때는 당연히 접히도록 되어 있어. 비행할 때를 대비해 좌석에는 에어백과 낙하산이 장착돼 있지. 주행 최고 속도는 약 112.6km/h이고, 공중에서는 약 185km/h까지 속도를 낼 수 있어. 연료 탱크는 자동차용으로 약 132*l*짜리가 들어 있는데, 비행할 때 시간당 약 19*l*의 연료를 소모해. 가격은 우리 돈으로 무려 3억 3천만 원. 하지만 세계 최초로 미 연방 항공국과 미 연방 도로교통안전관리청의 기준에 모두 부합하며 합격점을 받은 만큼 그 가치와 안전성은 믿어도 될 것 같아.

대신 이 모델은 활주로 확보 등 해결해야 할 문제들이 남아 있었고, 테라푸기어는 이 문제를 해결할 새로운 모델을 곧 선보였어. 활주로 없이 헬리콥터처럼 수직으로 이착륙할 수 있는 'TF-X' 모델이야. 300마력의 엔진과 수직 이착륙 시 필요한 600마력의 전기 모터가 탑재돼 있고, 시속은 322km, 항속거리는 805km야. 비행할 때 착륙 지점을 예비로 마련해주는 시스템, 착륙이 불가능한 곳에서 자동으로 다른 착륙 지점을 찾아주는 시스템, 운전자가 조작하지 않을 경우 비상으로 착륙하는 시스템 등이 적용돼 있지. 가격은 아직 안 정해졌어.

한편 물 위를 달리는 자동차도 있어. BMW가 선보인 '미니쿠퍼 요트맨'이야. 도로는 물론 강이나 호수에서 운행이 가능한 건 당연하고, 상어가 공격해와도 끄떡없대. 차체 크기는 4.3m이고, 1.6*l*짜리 4기통 엔진이 장착돼 최고 속력은 220km/h. 물 위에서는 시속 61Kt까지 달릴 수 있어. 정지 상태에서 시속 96km까지 올리는 데는 고작 6.6초밖에 안 걸리고 말이야. 차 안에는 두 사람이 잠을 잘 수 있는 공간과 각종 방수용품들이 마련돼 있고, 가격은 우리 돈으로 약 2억 6천만 원이야.

하늘을 나는 자동차 '트랜지션'과 물 위를 달리는 자동차 '미니쿠퍼 요트맨'은 '2012 뉴욕 국제 오토쇼'에서 세계 최초로 공개됐어.

미래형 자동차들도 세계적인 흐름이 있나요?

트렌드는 있어. 자동차 산업에서도 세계적인 추세는 무시할 수 없지. 지금까지 아빠가 얘기해준 것처럼 우리나라 자동차 산업은 선진국 자동차 산업의 흐름에 맞춰 시대순으로 발전해왔잖아. 소형차나 SUV가 세계적으로 유행일 때는 그에 맞춰 제품을 개발해 수출에 성공했고, 전 세계적으로 환경 문제가 이슈화됐을 때는 그와 관련된 기술과 부품들을 발전시켜왔고 말이야.

자동차 산업에서의 요즘 세계적인 트렌드는 오랫동안 변하지 않고 있고 앞으로도 계속될 전망인 '친환경'을 포함해 '안전성', '편의성', '전자화', '경량화', '디자인' 등이야. 그런데 이것들은 각각 따로 있지 않아. 교집합처럼 서로서로 맞물려 있지. 앞에서 많이 얘기한 친환경과 안전성, 편의성, 전자화만 놓고 봐도 알 수 있어. 공해를 줄이면서 좀 더 안전하고 편리하게 운전하기 위해 첨단 전자 기술을 자동차에 적용했던 것처럼 말이야.

그럼 이번엔 경량화와 디자인이 어떻게, 얼마나 다른 요소들과 연관돼 있는지 살펴볼 차례네. 경량화되고 있는 자동차들과 디자인에 더욱 힘을 싣고 있는 자동차들에 대해 이야기해줄게. 들으면서 다른 트렌드 키워드들과는 어떤 연관성이 있는지 생각해보는 것도 좋을 거야.

자동차의 경량화란 어떤 거예요?

‘자동차도 다이어트를 한다’는 말, 들어본 적 있니? 요즘 자동차업계는 자동차의 무게를 가능한 한 줄이려고 노력하고 있어. 사람하고 똑같아. 몸이 가벼워야 더 빨리, 더 멀리 달릴 수 있기 때문이야. 차가 가벼워지면 연비가 향상돼. 보통 자동차 무게가 10% 줄어들 경우 연비는 약 3.8% 증가하지. 이뿐 아니야. 가속 성능도 8% 증가하고, 제동 정지거리는 5% 단축되며, 배기가스 역시 줄어들어. 즉, 차의 무게를 줄이면 자동차의 성능은 물론 환경 문제까지 개선할 수 있게 되는 셈이야. 이렇게 또 경량화와 친환경이 맞물리는 거지.

자동차 경량화의 방법은 몇 가지가 있어. 소재의 경량화, 고강도화, 부품 합리화 그리고 바람의 저항을 줄일 수 있는 디자인 개선 등이야. 이 중 소재의 경량화 외에 다른 방법들에서는 기술이 이미 상당 수준 발전해 있는 단계라 더 나은 기술 혁신을 기대하기가 현재로선 다소 무리야. 그러니 자동차 소재 자체를 줄이기 위해 어떤 노력들을 하고 있는지에 대해 중점적으로 이야기해줄게.

얼마 전까지만 해도 자동차의 몸통은 강철로 만들었어. 그런데 이제는 알루미늄을 많이 사용하고 있지. 포드의 경우 2011년형 ‘포드 익스플로러’의 보닛, 엔진, 휠 등을 알루미늄으로 만들어 기존 모델들보다 20% 정도 연비를 개선했어. 현대자동차는 현대제철과 함께 기존보다 강성은 높으면서 무게는 가벼운 강판

다운사이징

엔진의 배기량을 줄이는 것. 배기량이 축소되면 엔진의 각 부품 크기도 줄어 마찰저항력이 떨어지고 연비는 향상된다. 또 엔진은 보통 자동차 앞쪽에 들어가는데, 이 부분을 가볍게 함으로써 차의 앞뒤 무게가 좀 더 균등해지고, 핸들을 움직일 때 조향 안전성도 향상된다.

을 새롭게 개발해 연비를 10%가량 높이기도 했고. 이 덕분에 기존 110개의 강판을 96개까지 줄이게 돼 원가 절감 효과까지 볼 수 있었지. 하지만 알루미늄은 원가가 비싸다는 게 흠이라서, 대안으로 가운데가 비어 있는 강철 바를 사용하기도 해.

CFRP(Carbon Fiber Reinforced Plastics, 탄소섬유 강화플라스틱)도 경량화 소재로 활용되고 있어. 항공기 동체 등에 사용되던 소재를 자동차로 가져왔지. 아

자동차 소재 변화의 또 다른 키워드, '스마트' 

최근 모든 분야에 걸쳐 나타나고 있는 '스마트'라는 키워드도 자동차 소재에 적용되고 있다. 이른바 스마트 기능 소재들이다. 예를 들어 온도에 따라 반응하는 형상기억합금의 경우 찬 공기를 엔진 쪽으로 보내는 기능의 라디에이터 그릴에 적용하면 겨울철에 찬 공기가 덜 들어가게 해서 엔진 데우는 시간을 단축할 수 있다. 이 외에도 다양한 스마트 소재가 있고, 그만큼 적용 영역도 넓어질 전망이다. 보닛, 도어 잠금장치, 글러브박스 열림 장치 등 기본 부품들은 물론 약한 충돌이 있을 때 형태나 색을 스스로 복원할 수 있도록 하는 등의 서브시스템까지로도 발전 가능하다.

크릴섬유를 특수 열처리해 만들어. 무게는 철의 절반, 알루미늄의 70% 정도밖에 안 되는데, 강도는 철보다 10배나 높아. 우리나라에서도 이 소재로 자동차를 만든 적이 있어. 2010년 10월 현대자동차가 전주기계탄소기술원과 공동으로 탄소섬유 복합체를 차체의 8곳에 적용해 공개했는데, 철강을 사용했을 때보다 70%나 무게가 덜 나갔대.

자동차의 미래형 경량화 소재로 떠오르고 있는 또 하나는 마그네슘이야. 무게는 철보다 25%, 알루미늄보다 60% 정도 가벼운 반면, 강도는 그것들보다 훨씬 세지. 마그네슘은 경량성과 고강도가 필요한 제품에 사용되는 21세기 꿈의 신소재야. 전자파 차단성, 방열성, 충격 흡수성, 치수 안정성, 기계 가공성 등이 우수하고, 녹는점이 650℃로 낮아 재생 비용이 저렴하기 때문에 회수 재활용이 용이한 친환경 소재 금속이지. 이 덕분에 자동차 부품으로는 물론 항공기 부품, 레저·스포츠용품 등으로 사용 범위가 확대되고 있어.

그중에서도 자동차 분야에서 마그네슘을 가장 많이 필요로 해. 최근 들어 실내 시트나 스티어링 휠의 뼈대가 되는 강철 소재들이 점차 마그네슘으로 바뀌고 있는 추세지. 자동차의 구동축인 휠을 가볍게 하면 전체적인 경량화의 효과가 더 크거든. 우리나라에서는 광역 연계 협력 사업을 통해 마그네슘 휠의 국산화를 계획하고 있는데, 단조 휠(알루미늄 합금 덩어리를 강한 힘으로 두들기거나 눌러서 만드는 휠)과 주조 휠(알루미늄 원재료를 녹여 액화시키고 합금 재료를 첨가한 뒤 금형에 부어 완성하는 휠)의 연비 향상 효과는 각각 3%와 2%로 나타나고 있어. 다만 단조 휠은 가격이 비싸서 고급 승용차나 스포츠카 등에 사용되고, 주조 휠은 일반 승용차에 쓰일 전망이야.

이처럼 자동차 경량화 재료로 알루미늄, CFRP, 마그네슘이 꼽히고 있는데, 사실상 가장 현실적인 대안은 마그네슘이야. 알루미늄은 이미 더 이상 쓰일 곳이 없고, 플라스틱은 재활용 처리 문제로 규제를 받게 되거든.

자동차에서 '미래형 디자인'이란 어떤 거예요?

큰 틀에서 봤을 때 외부 디자인에서는 '감성'을, 내부 디자인에서는 '안락성'을 디자인 키워드로 꼽을 수 있어. 우선 자동차 디자인에 감성을 더한다는 건 강철로 만든 기계에 생명을 불어넣는다는 것으로 해석 가능해. 미래형 디자인이랍시고 지금까지 가져온 자동차의 기본 외형을 획기적으로 바꾸는 게 아니라, 사람들이 자동차를 보거나 직접 탔을 때 만든 사람이 원래 의도한 느낌을 가질 수 있도록 필요한 감정을 자극하고 이끌어내는 거지. 쉽게 말하면 경차는 경차답게 귀여운 느낌을, 대형차는 대형차답게 중후한 느낌을, 스포츠카는 스포츠카답게 날렵한 느낌을 주는 거야.

디자인의 또 다른 키워드인 안락성은 말 그대로 차에 탔을 때 '움직이는 방'처럼 안락함을 느낄 수 있도록 만드는 거야. 이제 자동차는 단순한 이동수단을 넘어 움직이는 생활공간이 됐고, 일상생활에서 차에 타고 있는 시간도 많아졌으니까. 모양에서 참신함이 돋보이는 것보다는 얼마나 편안한 느낌을 주느냐가 더 중요하지. 어쩌면 디자인 부문에서 자동차의 상품성을 좌우하는 건 오히려 실내 디자인일지도 몰라. 또 과거의 자동차들은 차체 구조 때문에 엔진이 차지하는 공간이 커서 실내 공간이 그만큼 제약을 받았다면, 하이브리드카나 전기차가 등장한 오늘날 이후에는 그런 제약으로부터 자유로워질 거야. 핵심 부품들이 점점 소형화되는 추세와 맞물리면서 말이지.

이제 우리 자동차 산업의 미래가 한눈에 보이는 것 같아요.

미래를 보는 눈은 과거와 현재를 잘 아는 것에서부터 길러지는 법. 그렇다면 너는 이제 우리나라 자동차 산업의 과거와 현재를 모두 꿰뚫고 있다는 뜻이겠구나.

대한민국 자동차 역사 110년, 자동차 산업의 역사 60년. 그동안 우리는 없던 길을 닦고, 맨손으로 낯선 창조물을 탄생시키며 여기에 다다랐어. 전쟁의 폐허 속에서 다시 일어나 기반을 다졌고, 안팎으로 몰아닥치는 위기의 폭풍 가운데 넘어지기는커녕 오히려 조금씩 앞으로 묵묵히 전진했어. 그리고 지금, 당당히 그 이름을 세계에 떨치며 더 멀리 앞을 내다보고 있지. 선우 네가 머릿속으로 그리고 있는 모습도 혹시 이와 같니?

이제 우리는 세계 자동차 생산국 5위. 우리 기술로, 우리 손으로 만든 자동차들이 오대양 육대주를 누비고 있어. 그 자동차들은 우리 경제의 견인차가 되어 물질적인 풍요와 함께 '한국인'이라는 자부심을 보너스로 줬지. 하지만 누구도 이 자리에 만족하며 안주하지 않아. 더 나은 것, 더 새로운 것을 찾고 그걸 마침내 우리 것으로 만들기 위해 눈빛을 반짝이고 있지. 그 증거들은 멋지고 당당한 모습으로 우리 눈앞에 펼쳐져 있고 말이야.

미국의 자동차회사 포드의 창업자이자 '자동차의 왕'이라 불리는 헨리 포드는 말했어.

"자동차를 만든다. 그 자동차가 길을 만든다. 그리고 도로나 문화를 만든다."

우리 자동차 산업이 지나온 길을 알면 이 말에 더욱 크게 고개를 끄덕이게 돼. 그 고개 끄덕임 속에는 벅찬 느낌이 있어. 우리는 그 느낌을 잊어선 안 돼. 아직 길은 멀고, 길 위에 어떤 것들이 있을지는 아무도 몰라. 하지만 걸음을 멈출 수는 없지. 우리가 걷는 길이 훗날 또 하나의 벅찬 역사가 될 테니까.

아빠는 수많은 굴곡과 어려움을 겪으면서도 차근차근 발전해온 우리 자동차 산업을 네가 자랑스럽게 여기길 바라는 마음으로 이 긴 이야기를 시작했어. 그리고 이 이야기에서 새로운 가능성과 앞으로 해야 할 일들을 발견할 수 있으면 좋겠어. 반드시 자동차와 관련된 게 아니어도 좋아. 어차피 앞으로 네가 이끌어나갈 세상은 모든 분야가 서로 맞물리고 힘을 합쳐야만 큰 그림을 완성할 수 있으니까. 미래형 자동차들의 키워드가 교집합처럼 겹쳐 있듯이 말이야. 중요한 건 네가 지금 그리고 있고, 앞으로 그려나갈 머릿속 그림들이야. 그것만 모습을 잘 갖춰둔다면 미래는 더 걱정할 것 없어.

선우야, 맨손으로 쇠망치 하나만 가지고 어떻게 자동차를 만드느냐고 처음에 많이 의아했었지? 하지만 이제 너도 알 거야. 그 말이 어떤 의미였는지를. 그 자동차가 어떻게 세계로 뻗어나갔는지를. 아빠가 생각하는 것보다 더 멋진 답을 네가 이미 찾았을 거라, 아빠는 믿는다.

2013 국제 모터쇼에서 미래의 자동차를 만나다

국제 모터쇼에 가면 자동차가 얼마나 발전해 있고, 미래의 자동차는 어떤 모습일지를 한눈에 볼 수 있다. 그 자리에서 자동차의 미래 모습을 보여주는 것이 바로 콘셉트카다. 콘셉트카는 미래지향적인 형태와 최첨단 성능을 갖췄지만 아직 양산은 시작하지 않은 차다. 2013년 국제 모터쇼에서 선보인 우리 자동차업체들의 콘셉트카를 통해 좀 더 구체화된 미래형 자동차를 만나보자.

현대자동차 'HND-9'

현대자동차는 2013년 3월 28일 일산 킨텍스에서 열린 '2013 서울 모터쇼' 프레스데이에서 럭셔리 후륜구동 스포츠 쿠페 콘셉트카 'HND-9'을 세계 최초로 공개했다. 현대자동차 남양연구소에서 디자인한 아홉 번째 콘셉트카다.

• 2013년 현대자동차 콘셉트카 'HND-9'

HND-9은 정교한 디테일로 클래식하면서 고급스러운 스포츠 쿠페의 우아한 이미지를 현대적으로 재해석해 표현했으며, 강렬한 캐릭터 라인과 외부 렌즈가 없는 독특한 형태의 램프 등으로 미래지향적 감성을 담았다. 또 일부 고성능 스포츠카에 적용되는 버터플라이 도어와 22인치 초대형 알로이 휠에 카본 소재를 적용해 스타일을 살리는 한편, 차체 경량화도 달성했다. HND-9는 후륜구동 플랫폼을 바탕으로 3.3ℓ 터보 GDi 엔진과 8단 자동변속기가 조합돼 최고 출력 370마력의 강력한 동력 성능을 발휘한다.

기아자동차 '니로'

기아자동차는 현지 시간 2013년 9월 10일 독일 프랑크푸르트에서 열린 '2013 프랑크푸르트 모터쇼'에서 콘셉트카 '니로(개발명 KED-10)'를 세계 최초로 선보였다.

유럽 소형차 시장을 겨냥한 크로스오버 모델 니로는 콤팩트한 차체에 기아자동차만의 타이거 노즈 그릴, 넓은 헤드램프 등을 적용해 외관을 세련되게 만들었다. 또 1.6 터보 GDi 감마엔진과 전기 모터를 결합한 하이브리드 시스템과 7단 더블 클러치 변속기(DCT)를 탑재해 최고 출력 205마력(1.6 터보 감마 엔진 160마력 + 전기 모터 45마력)의 강력한 동력 성능을 확보했다.

• 2013년 기아자동차 콘셉트카 '니로'

쌍용자동차 'LIV-1'

'2013 서울 모터쇼'에서 공개된 대형 SUV 콘셉트카 'LIV-1'은 쌍용자동차의 새로운 디자인 철학인 '내추럴본 3모션(Nature-born 3 Motion)'과 대자연의 웅장함을 모티프로 대형 SUV 본연의 아름다움을 표현했다.

• 2013년 쌍용자동차 콘셉트카 'LIV-1'

LIV-1은 첨단 IT 기술을 적극 활용해 운전자의 현재 정서와 컨디션에 적합한 맞춤형 운전 환경을 구현, 자동차와 운전자 간의 양방향 소통을 실현했다는 점이 특히 주목할 만하다. 자동차 기술과 IT 기술의 융합으로 감성 기술을 확보한 것이다. 스티어링 휠과 시트에 장착된 센서를 통해 스크린이 모바일 기기를 자동 인식해 운전자의 심리적 · 신체적 상태를 감지한 후 조명을 적절하게 조정하고, 분위기에 어울리는 음악을 틀어 심리적 안정을 유도한다. GPS 맵과의 연동, 내비게이션 스타트는 물론 시트까지 딱 맞게 설정하는 등 운전자에게 최적화된 모드로 재빠르게 움직인다.

참고 자료

| 참고 도서 |

- 강윤수, 《판타스틱 자동차》, 우듬지, 2012.
- 국사편찬위원회, 《근현대 과학기술과 삶의 변화》, 두산동아, 2005.
- 김건화, 《신이 내린 땅 인간이 만든 나라 브라질 : 현직 외교관이 쓴 두 얼굴의 나라 브라질 이야기》, 미래의창, 2010.
- 김기란 · 최기호, 《대중문화 사전 : 30개의 키워드로 읽는 한국 대중문화 20년》, 현실문화연구, 2009.
- 김인중 · 김석중, 《강원도 초경량 소재 부품 산업 육성 전략 : 마그네슘 산업을 중심으로》, 강원발전연구원, 2010.
- 미래와경영연구소, 《NEW 경제용어 사전》, 미래와경영, 2006.
- 안병하, 《현대인을 위한 자동차 산업 이야기》, 골든벨, 2007.
- 왕경국 · 장윤철 외 편저, 《유식의 즐거움 : 교양으로 알아야 할 모든 것》, 휘닉스, 2006.
- 윤준모, 《한국 자동차공업 70년사》, 교통신보사, 1975.
- 이은석, 《Basic 중학생을 위한 국사 용어 사전》, 신원문화사, 2006.
- 자동차용어사전편찬회, 《자동차 용어 사전》, 일진사, 2012.
- 전국경제인연합회, 《한국의 자동차 산업》, 전국경제인연합회, 1996.
- 전영선, 《고종 캐딜락을 타다》, 인물과사상사, 2010.
- 조동성 · 주우진, 《한국의 자동차 산업》, 서울대학교출판부, 1988.
- 한국사사전편찬회, 《한국 근현대사 사전》, 가람기획, 2005.
- 한국자동차산업협회, 《한국 자동차 산업 50년사》, 한국자동차산업협회, 2005.
- 현대자동차, 《도전 30년 비전 21세기 : 현대자동차 30년사》, 현대자동차, 1997.
- 현영석, 《움직이는 생활공간 자동차 : 한국의 월드 베스트》, 지성사, 2004.
- pmg지식엔진연구소, 《시사 상식 바이블》, 박문각, 2008.
- GB기획센터, 《자동차 진화의 비밀을 알고 싶다》, 골든벨, 2013.

| 참고 자료 |

- 현대경제연구원(홍영식 · 이재호 · 김보경 · 이선주), 〈한국 산업기술사 조사연구 : 운송사업군 자동차 산업〉, 한국산업기술진흥원 기술문화팀, 2012. 12.
- '이진석 기자의 스토리 인 카-자동차 광고의 세계', 채널A 〈CAR톡쇼〉 9회.
- 이정환, '할리우드 영화에 가장 많이 출연한 토종 차는?', 〈오마이뉴스〉, 2012. 5. 30.
- 남민, '할리우드 영화 속서 히트친 국산 차는?', 〈헤럴드경제〉, 2012. 7. 26.
- 강석봉, '할리우드 영화 속 국산차 출연 성적표는?', 〈스포츠경향〉, 2012. 9. 21.
- 노경목, '美 디트로이트 파산의 교훈', 〈한국경제〉, 2013. 7. 19.
- 주문정, 'ET칼럼-자동차 왕국 美디트로이트의 교훈', 〈전자신문〉, 2013. 7. 21.
- 박종구, '경제광장-디트로이트市 파산의 값진 교훈', 〈헤럴드경제〉, 2013. 7. 30.
- 김종호, '만도기계 · 현대자동차 ECPS 시스템', 〈매일경제〉, 1997.12. 1.
- 이준희, '한 걸음 더 다가온 수소연료전지차', 〈WM Weekly〉, 우리투자증권, 2013. 3. 4.
- 조선닷컴 인포그래픽스팀, '소음 · 공해 없는 전기 자동차, 일반 자동차와 다른 점은?', 〈조선일보〉, 2013. 10. 1.

- 김남이, '자동차 폐기, 재활용은 어떻게 할까?', 〈머니투데이〉, 2013. 8. 10.
- 정진수, '쌍용차 콘셉트카 SIV-1, 최첨단 기능 탑재', 〈동아오토〉, 2013. 3. 5.
- 편집국, '쌍용자동차, 콘셉트카 LIV-1 이미지 공개', 〈아크로팬〉, 2013. 3. 25.
- '현대차, 2013 서울 모터쇼 참가 럭셔리 스포츠 쿠페 콘셉트카 HND-9 세계 최초 공개', 〈한국경제〉, 2013. 4. 3.
- 윤태구, '기아차, 2013 프랑크푸르트 모터쇼서 콘셉트카 니로 최초 공개', 〈아주경제〉, 2013. 9. 10.

| 참고 사이트 |

- 두산백과사전 두피디아 www.doopedia.co.kr
- 삼성화재 교통박물관 www.stm.or.kr
- 아하경제 www.ahaeconomy.com
- 한국민족문화대백과사전 encykorea.aks.ac.kr

| 사진 자료 |

- 뉴스뱅크이미지
- 쌍용자동차
- 연합포토
- 자동차문화연구소
- 현대모비스
- 현대차그룹
- GM대우자동차